香草變茶飲
真簡單

尤次雄◆著

蘋果屋
APPLE HOUSE

戀香草。

一香草變茶飲真簡單一

嚴格說起來，我的生活是十分忙碌的，也因為長時間過分的忙碌，經年累月的，在忙碌之餘，我也自己研究出一套屬於我自己的舒壓方式，而這套「獨門」的舒壓方式和香草可有著密切的關係呢。

開始接觸香草，是由精油開始。不記得從什麼時候開始，台灣吹起了一陣「精油風」，長期處在媒體環境裡的我，當然也趕上了這股熱潮，那陣子，我迷上了用精油來泡澡，這樣的迷戀不是沒有原因的，當忙碌了一整天後，回到家裡，能夠輕輕鬆鬆的泡上一個香草精油浴，那樣的感覺可不是用「幸福」兩個字可以形容的。

在一次機緣巧合裡，我在節目中訪問到了一位對香草十分有研究的人，也就是這本書的作者，尤次雄先生，在那次的節目訪談中，他對香草的熱情，以及豐富的知識實在令人印象深刻，所以當出版社來邀我為尤次雄先生出版的新書《香草變茶飲真簡單》一書做推薦時，我自然是一口答應，畢竟對我來說，把香草推廣給更多人知道，也是一件值得高興的事啊。

《香草變茶飲真簡單》這本書一共介紹了三十種香草，有觀賞用的，也有可以製成茶飲的，不但內容十分的豐富，在種植的步驟上，以及製成茶飲的方法，都有最簡單清楚的說明，我相信任何人只要拿到這本書，想在家裡種植一株美麗又實用的香草，絕對不再是一件不可能的事了。

希望藉由這本書的出版，不但能夠再讓台灣掀起一股香草熱，更能夠讓每一位讀者都能夠切切實實的享受到香草可以帶給大家，不論是生活上或精神上的各種好處，更希望每一位讀者，在讀了這本書以後，能夠和我一樣，慢慢的，慢慢的也迷戀上香草，有朝一日，也能在台灣的各角落裡，看到三五好友坐在一起，悠閒的享用美味的香草茶喔。

民視「消費高手」主持人

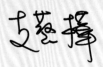

一壺香草茶・溫熱冰冷的心

一香草變茶飲真簡單一

接到尤老師的電話，邀我為他的新書《香草變茶飲真簡單》寫推薦序，我感到受寵若驚。

回憶2000年初夏的一個下午，我第一次到台北香草屋，還未細看香草，就先被門口那位穿著白汗衫、短褲赤足的男人給吸引住，一頭灰白短髮，滿臉閒適自在的笑容，下巴上留著未刮乾淨的鬍渣。一句高亢的「你好！」開啓了我們日後亦師亦友的關係，是的，他就是我的香草人生啓蒙老師——尤次雄。

熟識的短短五年裡，看見他對香草熱情與執著，無論是課程講授、學術研討、由南到北的學會內外活動，一路走來始終如一。尤老師不僅是香草推廣的終身志工，無私的愛心更讓他成為我們這些受惠者真心尊崇的老師。

仔細品讀尤老師的《香草變茶飲真簡單》一書，心底再次激盪著對老師的敬意。我想，尤老師希望透過生活中微小的事物，一朵花、一片葉、一壺茶，來改變面對生命的態度，提醒我們在忙碌的生活中別讓生命被冷漠所浸蝕，一壺香草茶就足以溫熱人心。

過去，我沉寂的中年事業曾因接觸香草而展開第二春，這要都要感謝尤老師及大自然的神奇力量，如今我以一個受惠者的心情推薦這本有心人寫的好書。從現在開始，放盆香草在窗台，摘片香草葉聞香，但願香草帶給您一個新的希望。

徐茂鑫 Bruce

2005年10月　台北新店 西洋蔬食料理「布佬廚房」

一香草變茶飲真簡單一

生命，總會找到適合自己的出路，只要環境允許，並不需要太刻意去做什麼或不做什麼，它就會自然長得好。

「我寧可和人少說一句話，把時間騰出來和花花草草相處。」越和自然相處，我越覺得當初的選擇是對的。

在接觸香草以前，我和一般人一樣，畢了業，進入職場，一路向上攀升，以自己的能力和努力，來換取更好的前途和發展，從小職員到經理、協理，甚至副總經理，在商場上打滾了多年，原本也一直以為會這樣終老，但這一切卻在一位女同事的一句話後，改變了。

擁有名利，卻失去快樂

工作多年，與同年齡的人比較起來，我擁有較高的職位、不錯的收入，曾經一直以為自己是快樂的，而這些也是我應該要追求的，所以，我不停的衝鋒陷陣，直到有一天，一位女同事對著我說了這麼一句話：「副總，你笑起來的樣子好像在哭。」讓我整個人彷彿從千年沉睡中醒了過來似的，原來，我並不快樂，即便是我嘴上掛著笑，但這笑容，也並非是從內心發出來的。

因為一句話，我開始省視自己三十多年來的生命，這一回顧，反而為我找出了一條新的出路。

然而，促使我真正決定退出職場的，還有另一個原因，就是健康的因素。

當時的生活，不但對外需要應付客戶，對內也要安撫人心，我每天周旋於老闆和屬下之間，經常弄得精疲力竭，卻還吃力不討好，久而久之，壓力日積月累，終於在三十五歲那年，健康出現了警訊——我的偏頭痛越來越嚴重，嚴重到數度想去撞牆，尤其是春天轉夏天，以及秋天轉冬天，我的頭就會痛得十分的厲害，除此之外，壓力越大，我的頭痛也越嚴重，那種痛，曾經一度讓我以為是得了腦腫瘤之類的疾病，而幾乎看遍了台灣的各大醫院。

但，所有的檢查結果都指向我只是單純的偏頭痛，只要服藥就好，可是，時間越久，藥吃得越多，痛卻沒有減輕，看在我母親的眼裡，十

分的心疼，於是建議我休個假，好好的放鬆一下。

這趟醫療之旅，也成為我生命的分水嶺。

一九九七的那一年，或許當時也已經萌生了離開職場的念頭了吧，我決定聽從母親的話，好好的放自己一個假，隨母親到日本去找我大姐，一方面，尋求我母親在日本熟識的醫院院長，再為我做一次全面性的檢查；另一方面，則是做一些觀察，看是否有別的機會。

這一趟日本行，正是和香草結緣的初始，也是我人生最大的轉捩點。

一到日本，母親便替我安排了一系列的健康檢查，然而，檢查的結果和在台灣的時候差不多，不外是要我生活作息要正常，工作壓力不要太大，睡眠盡量充足，可是，我自己清楚，要做到這些，以當時還在職場上，負責衝鋒陷陣的我來說，根本是不可能的，該怎麼辦呢？

我開始思考，如果多年的征戰，只換得了名和利，卻失去我自己的快樂和健康，究竟是否值得？

她可以，我也可以

在離開日本回台以前，大姐給了我一本書，是廣田靚子寫的一本《Herb Book》，這本書，一開始的時候，並沒有引起我太大的注意，回台後，我繼續投入職場，周旋在老闆和客戶之間，直到有一天，我隨手

拿起案頭上的這本書一翻，原先只是隨意翻翻的，沒想到版權頁上的一行字吸引了我的注意。

在看到版權頁前，對我來說，這本書充其量是一本圖片精美的書而已，但，版權頁上卻清楚的寫著，一九八五年第一刷，一九九六年十二刷，雖然當時的我對所謂的刷次並沒有太多概念，但感覺上「十二刷」應該已經算是滿不錯的了吧，所以，當下我就決定認真來

研究一下這本書。

　　慢慢研究之後發現，原來這本書雖然在一九八五年就開始賣，但真正開始大賣，其實是在一九九六年年初，日本發生了阪神大地震以後。日本在阪神大地震之後，民眾開始有了「輕物質、重心靈」的體認，轉而追求簡樸生活，花草就這樣在日本流行了起來，這本書自然就順應著時代，成了暢銷的書之一。

　　其次吸引我的則是這本書的作者本身。

　　一九四一年生的廣田靚子和我有著相類似的背景，同樣都是國文科系畢業，從小很喜歡大自然，對野花、野草、小動物都有著特殊的感情，而她，只是一位再平凡不過的家庭主婦，也從來沒有專門到國外去學習過香草的知識及種植、應用技巧，完全是透過自己學習以及跟朋友分享而來，但她卻可以用十年的時間，去嚐試、去努力、去研究，全心的投入而來，承擔所有的挫敗，換來現在的成功。

　　看了她的經歷，以及奮鬥的過程，我心中升起了一個想法：她可以，我有什麼不可以？

　　於是，我決定離開職場，全心投入經營台灣的香草事業。

找回快樂，改變就是值得的

　　「是到了改變的時候了！」當時，我這麼告訴自己。我希望我的人生是現在這樣嗎？我肯定不是，我應該可以找到我自己真正想做的事才是，即便是窮一點、收入少一點，但如果能夠把健康找回來，找回原有的快樂，這樣的改變就是值得的。

　　然而，是究竟能不能、要不要選擇和香草共度此生？我還是花了足足一年的時間，反覆的和自己辯論後，才下的決定。

　　也因為我不是個衝動的人，所以，所有的計畫，都必須是在審慎的情況下產生的，離開職場也是，經營香草事業自然也是。由於在屏東的鄉下，我父親過世留下一片田，之前一直是由我大哥在耕

種，因為還擁有這一片田，辭職後，我便回屏東，開始計畫香草的栽培。

雖然心意已定，但卻不是從此一帆風順。一開始，我託關係從日本進了一些種子，那時候正值五、六月，是最不適合栽種香草的季節，但那時候的我並不知道，興高采烈的播了種，等待發芽。

果然，才沒有多久，真的發芽了，我高興極了，以為第一步就已經成功了，沒想到這樣的高興才沒多久，到了九月，香草死了一大片，我當時的心情可以說是欲哭無淚，甚至覺得人生無常，對自己的能力也開始產生了強烈的懷疑。

「我真的適合種香草嗎？」「我該不該放棄，再回到職場去過以前的日子呢？」由於第一步的失敗，再加上許多公司仍不放棄，紛紛打電話來詢問我「復出」的意願，當時，我才離開職場六個月，眼看著存摺裡的數字越來越少，剛發芽的植物又不明原因的全死光了，我開始有一點點動搖了，龐大的壓力又再度籠罩在我的心上，一連好幾個晚上，我失眠了，我不知道這樣的決定、現在的生活，真的是自己所想要的嗎？

有一天，我又一夜無眠，眼看著已經差不多凌晨四點多了，我還是睡不著覺，望著窗外漸漸泛白的天空，我的心情是沉重的。就在這時，我發現不遠處一隻藍色的鳥在窗外忙進忙出的飛著，一會兒消失在天空的另一端，一會兒又回到窗外的那棵樹上，就這麼來來回回的，這樣的舉動引起了我的注意，我開始觀察牠。

一直到清晨的八、九點，我終於明白了，原來，牠正在強大的落山風裡辛勤的築巢，因為原先在樹上的那個巢已經被風給吹散了，所以牠從不知道什麼時候開始，就這麼一來一回的，打算重新在這棵樹上建立牠的家。

這幅景象給了我一個很大的啟示，一個人的一生中，總會碰到很多挫折，端看你能用什麼樣的心態持續下去，終至成功，就像眼前的這隻鳥，牠反覆的做著相同的動作，只為了重新建立牠的巢，如果牠和我一樣，這麼快就興起了放棄的念頭，那麼，牠的巢勢必不可能再重新築起來。

當下，我決定再重新出發，我告訴自己，無論如何，我一定要成功！

香草花園，撫慰受傷的心

　　要做個試驗產業真的稍微要一點心思，我決定
重新蒐集資料，並且仔細的研究，這次，我選定從
中秋節開始播種。這次有了相當好的成績，看著自
己種植的五十幾種香草，在田中展放它們的美麗，
心裡真有說不出的滿足和驕傲，但這種喜悅，卻只能
自個兒攬在心中。

　　畢竟屏東是鄉下地方，大夥種的，大多是蔥、椰
子，再不然也是檳榔等利潤高的作物，因此，當我的
心被滿滿的喜悅佔住時，卻擋不住鄉人怪異的眼光，以
及揶揄的言語。

　　當時，在鄉人的口中，大家都笑稱我是「尚朋堂」（台語，
是指一個人很笨的意思），因為沒有人知道香草可以拿來做什麼？
自然不會知道我種香草要做什麼？經過仔細的思考和評估，我決定離
開屏東，回台北重新出發。

　　同年六月，我北上，還算順利的，在七月一日就已經在內湖找到了
店面，簽了約，第一家店就這麼開張了，那時我想了三個名字，第一個
叫做香草天堂；第二個叫做香草工坊；第三則是香草屋，這三個名字在
和母親商量後，以「香草屋」做最後的定案，並一直延續到今天。

　　店雖然順利成立了，但經營上一直沒有明顯的起色，由於我是企劃
出身，之前經營了許久的人脈也還一直存在著，我決定以「自力救濟」
的方式來改善我店裡的生意。

　　我不斷想法子來推廣，除了辦活動外，每天還不停的寫新聞稿，可
是，寫歸寫，媒體不一定會登，也不一定有版面刊登，所有的努力，都
只能夠被動的等待，等待媒體的青睞；等待顧客的發現，誰知道，一場
前所未有的災難，改變了這一切，將我推向近乎絕望的地步，卻同時給
了我新生的希望。

　　一九九九年的九月二十一日，大家應該都不會忘記，是慘痛的「九
二一大地震」。和那些流離失所、痛失親人的人比起來，我算是幸運

的，但受到停水停電的影響，我的店受到了極大的衝擊，可是，也就是在這個時候，在大家的心靈都瀕臨崩潰的痛苦邊緣，十月六日，聯合報刊登了一篇有關我的店的報導，標題就是「香草花園開張　撫慰受傷的心」，這篇報導不僅在當時為大多數受創的心靈，找到了一種復癒的力量，同時也為我的店開展了另一條新生命。

量力而爲，從小做起：大處著眼，小處著手

內湖的店開了一年之後，由於租金的關係，我開始考慮另外找一個地點打造一所全新的香草屋，就在我開始準備要另外找地方時，我當時的一位學生突然對我說了一句話：「老師，你的香草比我們家種的還

醜。」沒錯，我的學生說的一點也沒有錯，由於內湖那間店日照不充足，所以當我把屏東那裡好不容易種成功的香草移植北上之後沒有多久，就陸續死掉了，而這也是我決心另覓良地的決定因素之一。

經過評估，我希望能在台北找一處農業區，但，在台北要找到一處農業區並不容易，幸好我有位姓賴的學生正好有這麼一塊地，便以相當經濟的價格承租給我，我去看過那裡，相當美，對香草來說，實在是再適合不過的地方了，再加上，離我母親住的天母較近，我便將它租了下來，並且立刻開始重建我的香草屋；那兒也就是現在的台北香草屋。在母親的協助下，用了一年的時間，我開始自力更生，從最早期販售香草小植物，做了好一陣子，我發現市面上各花市都開始賣類似的植物，而且還越來越多，雖然我不怕競爭，畢竟我的

東西有它的特殊性，但因為這個現象，引導我將單純的種植，做一個徹底的轉型。

我在日本有一位老師池田先生，他曾經告訴過我，經營一個事業基本上有八個字很重要，那就是「量力而為，從小做起」，並且希望我不管做什麼事，都能夠大處著眼，從小處著手，意思就是要我凡事都要看遠一點，不要眼高手低，也不要去做自己沒有把握，或根本沒有辦法的事情。

又經過了一年的努力，我把我的目標調整好，確立了三項目標：一方面維持住香草苗的販售，另一方面則是教學演講，最後，則是增加了顧問輔導的工作，希望以我多年來的經驗，幫助更多香草的同好，能夠做好香草事業的規劃經營，並提供香草花園造景的設計規劃及工程施做。

之所以會確立這三項目標，最主要的目的也就是希望將香草這種植物在台灣扎根，我將我多年來藉由摸索也好，學習的也好，所有的經驗能夠傳承下去，至於像「香草國父」等等的虛名，對我來說並不重要，畢竟以香草來說，我所扮演的角色，充其量是推廣的角色而已，引進和研究我絲毫不敢居功。

植物會找到自己生存的方式，人也一樣

從事香草的種植和推廣這八年來，我有辛苦的地方，也有快樂的一面，很多人問過我，「香草是不是我的一個興趣？」「香草可不可以變成一個事業？」我都會很實在的告訴他，「當你越跟這些花草在一起的時候，真的是會越來越覺得說它已經不是興趣了，反而更像是我的工作伙伴。」古人說的好，「三日不讀書便覺面目可憎。」對我來說，只要三天沒有碰這些花草，我就會覺得全身不自在。

而長期和植物相處下，我漸漸的體會出三個和植物相處時，必須有的心態和觀點：

第一，站在植物的角度去思考。植物要種得好，就必須要用植物的眼光去思考，如果你一味的希望它不需用心照顧，就可以長得好，那不如擺個塑膠花就好，也不需要種植物了；

第二，生命會自己找到出路。像香草屋裡的那一棵含羞草，長得像樹一樣，原理很簡單，生命它會自己去找到適合自己的出路，只要環境允許，並不需要太刻意去做什麼或不做什麼，它自然就會長得好；

第三，知道自己栽種香草或植物的目的是什麼。如果你只是為了種一種好看的植物，那很抱歉，請你不要考慮種香草，去種一些像觀葉植物類的植物，如果你決定了要種香草，就要去了解它，除了種植以外，它還可以做什麼？我要強調的是，當我們在種香草的時候，必須要把它的用途彰顯出來，這就是我所要追求的。

雖然處在台北較偏遠的承德路七段，但相較於熱鬧喧嘩的台北都會中心，香草屋宛如一處世外桃源，裡面的每一株香草，都蘊含著豐富的生命力，許多來到香草屋的熟客們都知道，來到香草屋有三個原則，一是不談政治；一是不聊八卦，同時，我也不問個人隱私，因為對我來說，香草屋同時也是人們心靈的世外桃源。

回顧這一路走來，雖然過去當上班族的工作，存摺是每天都在增加，如今投入自己喜愛的香草事業，存摺有時卻不增反減。剛開始的時候，我還會感覺不安，但是當減少到某個地步，就再也不會害怕，畢竟，香草之於我，是夥伴而非生意，對我來說，我的這一生，是不會脫離香草了。

事實上，香草植物最大的特色，不僅止於它有著美麗的外表，更有著十分扎實的內在，有別於其他的植物僅能作為觀賞用，香草更可以運用在我們的生活中，包含茶飲、觀賞等等地方，而《香草變茶飲真簡單》這本書，便是對香草的最基礎運用。希望藉由這本書裡的詳細介紹，不但能夠讓每一位讀者能夠親手種植香草，更能夠喝到自己種植的香草所泡出來的茶。這個時候，你會發現，人生最甜美的享受，不過如此。

Contents

Part1 小觀念大學問

Part2 栽種步驟大圖解

Part 1

小觀念大學問

Herb
Planting
Guide

「種香草，很難吧？」
「台灣能種香草嗎？」
「不可能吧，香草真的可以種在家裡？」……
其實，種任何植物都有一定的通則，
只要掌握竅門，
你的植物就會長出屬於你的新芽。
了解香草，就從這裡開始。

11關鍵 〉決定你的香草會不會活下來！

Point 1 季節，要選對

用中秋節、端午節來區分

　　許多人對種香草都感到束手無策，其實是不了解香草的特性。大部分的香草依據它的生長習性，可以分為「耐寒性」和「抗暑性」兩種，所以要先分辨植物的屬性，再進行栽培。

　　「耐寒性香草」大多原產自地中海沿岸，怕高溫多溼的環境，較喜歡涼爽的氣候，所以在臺灣過冬是沒有問題的。例如，一年生的植物在入夏前就會死掉（如德國洋甘菊），所以大家不要以為是自己照顧得不好。另外，多年生香草植物如薰衣草、鼠尾草、百里香，到了夏天，生長狀況也會變得很差，但是在春、秋、冬三個季節又會變得比較好，因此被稱為耐寒性香草。所以喜愛香草的朋友，一定要把握耐寒性香草的黃金栽種期，就是在秋末到春初，也就是每年中秋節過後到隔年端午節之間。

　　「抗暑性香草」則是較能適應臺灣夏季高溫多溼的海島型氣候，在炎熱的6～8月都還能維持不錯的成長狀況，如檸檬香茅、薄荷等，反而在冬天的狀況就比較差，甚至停止成長，但到隔年春天後又會再慢慢冒出新芽、長出新葉。所以抗暑性香草的黃金栽種期是在春末，也就是3月底～5月間開始栽種，而端午節到中秋節之間就是抗暑性香草最旺盛的生長期。

Point 2 溫度，要恰當

夏天不超過35℃，冬天不低於15℃

　　耐寒性香草植物除了栽種季節要掌握外，栽種環境的溫度也最好保持在15～25℃，一般夏季，可以利用半日照或黑網遮曬的方式，減緩高溫帶來的傷害。

　　抗暑性香草植物，最特別的是天氣越熱，長得越好，最高可以忍受30℃以上的高溫，但是要預防秋颱及冬季寒流的低溫。通常入冬後，植株的成長速度就會減緩。

Point 3 澆水，要適量

先觸摸土壤，再決定水量

　　照顧香草，澆水要把握兩個重點，第一，土壤乾了要一次澆透。土壤的溼度可分成四個程度：溼、微溼、微乾、乾。當觸摸土壤感覺溼、微溼時，都可以不用管它，只有在土壤「微乾」的時候才要澆水。因為每個人家中的日照環境不同，不能用刻板的方式決定一天澆水的次數。

　　第二，要把握最佳的澆水時間，早上6點～10點及下午4點～6點兩個時段，切記不要在日正當中澆水，因為水溫高，土壤溫度也高，容易造成根部受傷、腐爛，也要避免把水澆到花朵。

Point 4 土壤，配合生長習性

使用人工介質，調配排水性

　　選擇土壤時，要先了解植物的生長習性，例如怕高溫多溼的香草，就要添加一些人工介質如椰纖以提高排水性。或加入發泡煉石及蛭石則可增加保水性。建議同時使用3～4種不同配方的培養土栽種，再觀察植株成長情形，判斷何種土壤是最適合的。

Point 5 空氣，要能流通

放置在通風良好處，避免悶熱

　　一般栽種植物，最好選擇四面至少有一面是通風的，不良好的通風環境，在夏季特別容易造成土壤悶熱，以致產生病蟲害，而植物外觀也會顯得較沒有生氣。

✕ 日照太強

○ 日照適宜

Point 6 日照，不能太強

陽光太強，要遮陰

　　很多人以為日照要注意的是時間的長短，其實，香草植物不能忍受的是環境溫度太高又潮溼，尤其是臺灣現在的夏天，有時會突然飆高到30幾度，這對耐寒性香草植物來說，可能在雨後的一陣酷曬下就夭折了。所以，若想讓香草熬過夏天一定要用黑網遮曬，或暫時移至陰涼通風處。

Point 7 施肥，要用有機肥

視盆器大小，加有機肥

　　肥料對植物來說就好像食物，氮成分對葉片的成長很好；磷成分對開花、結果會有幫助；鉀成分則會促進根和莖的成長。所以，當葉子剛開始栽培的時候可以加一些氮，磷肥的使用則要配合開花前的修剪，換盆的時候則可以使用一些鉀肥。但最重要的是，香草植物多被運用在茶飲、料理，所以一定要使用有機肥料，不要使用化學肥料，因為化學肥料會對人體產生傷害，也會造成環境污染。

Point 8 開花，要捨得剪

強剪花苞，保住養分

　　開花結果是植物最大的任務與使命，所以許多植物在花期結束後，生命力都會變得非常脆弱。如果想讓植物的生命延長，可以直接剪掉花莖；若想讓開花數能更多，可以在初開花時剪掉花苞，讓植株儲存更多的養分，那麼第二次成長的花朵就會更多，也會更漂亮。

Point 9 繁殖，要用對方法

依植物特性，選對方法

　　栽種香草植物最常使用播種、扦插、壓條、分株四種方式。在進行繁殖前，除了注意植物的最佳生長季節外，再來就是配合植物特性用對繁殖方法。通常一年生草本植物多採用播種繁殖，如羅勒、洋甘菊；其他多年生植物，若是直立莖則可用扦插繁殖，如天使花、天竺葵；匍匐莖則適合用壓條方式，如薄荷、香蜂草。而根出葉型的植物最好是用分株方式，如檸檬香茅。

播種

扦插

分株

壓條

Point 10 修剪，要勤快

保持通風，避免養分流失

　　照顧多年生香草植物的最重要關鍵就是「修剪」。尤其是耐寒性香草在碰到高溫多溼的環境，會對植株產生很大的殺傷力。所以梅雨季節後，針對爛枝或枯黃葉片要進行強剪，約剪掉全株高度的二分之一；六月底入夏前、花期結束後，是植株生命最弱的時候，需要再次強剪留下全株三分之一，讓植株減少耗損，儲存養分。最後就是入冬前，輕微修剪掉三分之一，讓植物進入冬眠期。

Point 11 除蟲，要天然

不使用化學藥劑除蟲

　　面對蟲害問題可以先採用栽種忌避作物的香草植物包括芸香、孔雀草等，因為植物本身的氣味會讓蟲不喜歡靠近，達到防止蟲害的目的。

　　此外，也可以自製洗米水、辣椒水或醋水，比例為1:100也就是10c.c的洗米水稀釋至1000c.c，可自行調整濃淡，最好每週輪流使用不同的方式，以防止蟲類產生免疫。如果真的需要用到除蟲劑時，記得一定要使用有機成分的，以減少對人體的傷害及化學污染。

8樣工具〉植栽必備不可少！

1 培養土

　　花市和苗圃應該都可以買到已經調配好或處理好的培養土。可以依栽種需要挑選，用在繁殖或初次栽種的培養土，最好選擇氮成分較高的，也不要挑選人工介質太多的土壤，會影響水分吸收，營養性也會較低。

2 人工介質

　　可以依植物需要加入人工介質，一般在花市或園藝用品店都可以買到。如椰纖，可以增加排水性，讓土壤更鬆；而蛭石、珍珠石、發泡煉石等，則可以提高保水性。

椰纖

珍珠石

蛭石

3 有機肥料

　　一般市售有機肥料分為二類：一是觀葉肥料、二是開花肥料，必須斟酌使用時機，一般在包裝外都有標示說明，如果氮成分較多，就可以幫助葉片成長，磷肥則是增加開花機率。有機肥料分為動物性和植物性，其最大的問題是不易保存，受潮後容易發霉。

4 澆水壺

　　在花市、量販店或生活百貨都販賣不同種類的澆水壺，第一必要購買的是散孔狀的壺嘴，可以讓水分平均落下，另外一種是長形壺嘴可使用在花朵及葉片較大的植物。

5 噴水器

這裡的噴水器主要是使用在播種或扦插後3吋盆栽，可以讓水分平均噴灑在葉片上。花市、量販店或生活百貨都可買的到，並依個人栽種量決定噴水器的大小。

6 有洞盆具

原則上盆具一定是底下有排水孔的，再來依材質透氣度可分為陶盆、木盆、磁盆，最後是塑膠盆，但基本上塑膠盆是最輕、最便宜的。通常用在扦插、壓條時，可以使用較小的盆具，如2～3吋盆。一般換盆都是由3吋換到5吋盆。所以購買時可以依個人需求到花市或量販店挑選。

7 鏟子

基本上鏟子是配合盆具的大小使用，通常家庭園藝，只要使用中小型的即可。

8 剪刀

要準備長、短兩種剪刀，因為修剪枝葉茂密的植栽需要較長的剪刀來修剪，而主幹的部分，最好用短而且材質厚重的剪刀，可以切斷較粗的葉莖、枝幹。

4步驟 〉舊土再利用

Step 1 過篩

將家中已栽種過植物的舊土用細網過篩，去除裡面潛藏的雜草種子、舊根、蟲卵。

Step 2 強曬

將過篩後的土壤平鋪在日光下，利用日照高溫殺菌約三天。

Step 3 悶曬

若想更完整地去除土裡的病蟲害，可以用黑垃圾袋將Step2的土壤盛起，並加入微量水分再包起來，繼續曝曬一天，讓土壤中的蟲卵完全悶死，再平鋪曬在陽光下三天，保持乾燥。

Step 4 加土

最後再拌入新的培養土，就可以增加裡面的有機質成分，新舊土的比例約1:1。

在舊土中倒入新土

平均攪拌均勻再利用

3 訣竅 〉種植香草組合盆栽！

Point 1 季節，要相同

在前面我們提到栽種香草很重要的原則是要把握季節性，所以在做組合盆栽時，最好是統一栽種耐寒性或抗暑性香草，一方面好照顧，一方面可以同時採收不同香草搭配運用，例如：馬郁蘭搭配檸檬百里香、管蜂香草搭配天使花等，都會有不錯的效果。

Point 2 用途，要區隔

　　目前在臺灣香草已被廣泛運用在泡茶、料理、花藝、沐浴精油等方面，為了能增加採收的便利性，在設計組合盆栽時，其實也可以用香草的功能性來區分，例如：觀賞的組合盆栽，就可以結合有斑紋葉片的到手香、花色浪漫的齒葉薰衣草、紫色花穗的粉萼鼠尾草等，不只是可以欣賞盆栽，也可以採收花葉，製作成好看又帶有香氣的手工相框或壓花等藝術品。

Point 3 顏色，要搭配

　　居家栽種香草時，也可以搭配1～2種觀葉或觀花植物，增加組合盆栽的豐富性，例如：紫花的粉萼鼠尾草就可以搭配黃色小花的金絲菊，擺放在家中窗檯上，可以營造出典雅迷人的古典氣質。

$\boxed{2}$原則 〉泡出香草的原味！

Point 1 現摘現泡，最新鮮

因為香草的香氣大多來自葉片背面的精油囊，若使用現摘的生鮮花草馬上沖泡，就可享受到最自然、最清新的口感，包括茶湯的表現也會呈現透明感，而乾燥後的香草通常味道會較厚重，失去些許的原味、原香。

Point 2 水溫要恰當，才能留住香氣

因為每種香草的葉片厚度、大小皆不盡相同，加上新鮮的葉片很容易受損流失香味，所以葉片較薄的香草，沖泡的時候，水溫不可以高過90℃，而且沖泡時一定要加蓋，香氣才不會流失。

2 竅門 〉香草開花很簡單！

Point 1 施肥，把握開花期前兩週

　　因為一旦進入開花期後，才施加開花磷肥就太晚了，因為植物在開花期間，並不會去作肥料分解、轉換，所以一定要在花期前就要先施肥，讓植物有消化吸收養分的時間。

Point 2 剪花，增加開花數

　　通常植物在開完花後生命力就會變得脆弱，尤其是由花市買回來的盆栽，通常是培育在溫室環境，一旦進到居家栽培時，花苞開的花通常不會那麼漂亮。所以，建議植栽買回來後，可以先摘掉原有的花苞，等植株先適應新環境後再長出新花苞，那就會很健康，而開花數也會更多。

栽種步驟大圖解

Part 2

Herb

Planting

Guide

香草，
最吸引人的就是它獨特的香氣，
每一株香草的香氣，
都代表著它的個性，
別以為香草只有美麗的外表，
它還可以運用在茶飲和居家布置上，
為我們的生活，
增添些許柔美且浪漫的味道。

瑞士薄荷

金銀花

虎頭茉莉

柳葉馬鞭草

檸檬香茅

天使花

芳香萬壽菊

甜菊

馬齒牡丹
斑紋到手香

粉萼鼠尾草

入門級
香｜草
Basic step by step

斑葉倒地蜈蚣
金絲桃

全年都能喝到的清涼香草茶

瑞士薄荷
Swiss Mint

| 唇形花科 | 多年生草本 |

特　徵

• 瑞士薄荷，是屬於胡椒薄荷類的半匍匐性薄荷，是薄荷種類中最容易栽種的品種之一。

• 瑞士薄荷的莖是方形的，葉緣是鋸齒狀，整株都有清涼的氣味。5～10月，會開出白色或淡紫色的小花。由於它具有特殊的芳香氣味，有些人還會特別栽培薄荷作為「忌避植物」（注1），保護其他植物，讓有些種類的蟲不敢靠近。

基本資料

原　產　地｜歐洲地區

生長特性｜耐熱（屬於抗暑性香草植物）

生長高度｜25～30公分（匍匐莖長可達1公尺）

花　　　期｜8～10月

採　　　收｜全年（冬季植株狀況較差）

繁　　　殖｜播種、扦插、壓條及分株方式皆可。

溫　　　度｜25℃

生長習性｜喜好土壤溼潤的砂質性土壤，忌黏重土壤。

日　　　照｜全日照或半日照皆可。

注1 忌避植物
是指植物本身的根、莖、葉、花帶有特殊的氣味，基本上是某些蟲類避之唯恐不及的。

推薦用途｜茶飲（最佳飲用季節是5～8月）

利用部分｜葉、莖、花

栽種難易度｜容易

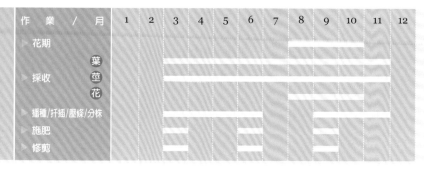

作業 / 月		1	2	3	4	5	6	7	8	9	10	11	12
花期													
採收	葉莖花												
播種/扦插/壓條/分株													
施肥													
修剪													

繁殖小叮嚀

約9～15天後可以發根，發根之後，約45天可以換盆。

栽種與照顧

- 瑞士薄荷可以用播種、扦插、分株、壓條等方式，喜歡潮濕的環境，所以栽種的時候，要儘量保持土壤濕潤，特別是在夏天，要早晚注意水分的補充。
- 要避免日正當中澆水，夏天，要勤修剪，讓植株保持良好通風；冬天，瑞士薄荷會進入成長緩慢期，記得，給水要酌量減少。
- 薄荷生長力旺盛，除了以扦插、壓條方式外，將枝條剪下直接置入水杯中，約7～10天即可發根，如此可增加繁殖成功率。

栽 ⮕ 種 ⮕ 步 驟

1 剪枝

> **留下可以再生的枝條**

將修剪下的枝葉去除完全枯黃或壞死的部分，留下青綠良好的枝條備用。

2 去葉

> **剪出斜切口**

用手將枝條末端約5公分的葉片去除，再用剪刀剪出斜口，這樣，可以幫助水分的吸收。

3 放入
> 每週換水

準備一個盛水容器（例如，不用的杯子），將枝條的切口插入水中，深度約3公分，記得3～5天換水一次。

4 移盆
> 改換盆栽

待發根後，可以選擇繼續在水中栽種或移至盆土種植。

so easy 清涼爽口的薄荷香
香草變茶飲

茶飲中的最佳男主角

在香草茶飲中，薄荷一直扮演著極重要的代表性地位，也是人氣極高的香草茶之一。它的氣味，帶給人清涼、提神的感覺。

初夏的清晨，親手摘下幾片自己栽種的瑞士薄荷泡茶，相信可以為一天的開始帶來最佳的活力，如果能再搭配對人體有益的綠茶，對忙碌的現代人來說，是一件很幸福的事。

被稱為茶飲男主角的「瑞士薄荷」，如果加上檸檬香茅、德國洋甘菊一起沖泡，也是一種不錯的選擇。有興趣動手烘培的人，也可以採摘新鮮薄荷葉片，與麵糊、蛋及牛奶和在一起，放入烤箱中，烘烤成香草餅乾，也非常可口。

材料

500c.c.水
瑞士薄荷3枝（每枝約10公分）

作法

1.準備一個容量約500c.c的茶壺。

2.將剪下的香草枝葉漂洗乾淨之後，放入壺內。

3.將約85℃的熱水（不可以用沸騰的水）倒入壺內（要蓋過香草），加蓋靜置約3～5分鐘，等茶湯出現淡淡的黃綠色，就可以飲用了。

（P.S.薄荷類的香草植物，葉片比較薄，沖泡的時候，水溫不可以過高（約85℃），因為這樣會使葉片一下子就釋出全部的茶色與茶香，而失去沖泡第二次的機會。）

初夏的晨霧

（瑞士薄荷＋奶茶＋綠茶）

嘗試過新鮮的香草茶，如果你也愛上了薄荷的味道，不妨再來杯新鮮的薄荷奶茶，在炎夏的午后喝上幾口，馬上暑氣全消。

材料

500c.c.水、綠茶粉15公克
10公分瑞士薄荷3枝、奶精

作法

1. 準備一個可裝500c.c水的茶壺。
2. 將約90℃的熱水倒入壺內，再加入綠茶粉攪拌均勻。
3. 把剪下的瑞士薄荷漂洗乾淨後，放入壺內加蓋靜置約3～5分鐘，即可取出香草，茶湯內就會留下淡淡的薄荷香氣，儘量不要大力攪拌，以免味道過重影響口感。
4. 可以隨意加糖和奶精就變成瑞士薄荷綠奶茶，但若想做冰品就記得要先將薄荷葉撈起，再放入冰箱冷藏。

香草冰塊DIY

想讓你的冰凍香草茶更具吸引力嗎？可以挑選符合家中製冰盒大小的香草葉片（要質薄的，像薄荷葉或天使花花瓣等都可以），漂洗乾淨之後，一片一格的放入製冰盒內，冰凍之後，即可享有清涼又炫麗的香草冰塊。

Q1：哪一種繁殖方法，成功率最高呢？

一般像薄荷類有匍匐莖的植物，很適合用壓條繁殖，成功率幾乎是百分之一百。也就是將原株薄荷的葉莖用U型鐵絲，固定在新的3吋盆土裡，當它的匍匐莖接觸到土壤的時候，會自然長出新的根。約2週之後，就可以拿起來確認有沒有發根，如果有發根，就可將葉莖自原株中剪下，讓它在新盆土裡繼續成長；如果沒有發根，就繼續壓條至發根為止。

Q2：有人說，薄荷扦插的時候，不要選擇太長的枝條，是真的嗎？

基本上，扦插的枝條最好不要超過10公分，因為扦插之後的枝條，需要集中養分發根，所以如果枝條太長，養分會不足，這樣可能會造成部分前端葉片枯黃或掉落。

Q3：我在花市買了1個5吋盆的瑞士薄荷，裡面共有8個主幹，請問，這樣會不會太擠？需要換盆嗎？什麼時候施肥最好呢？

建議你可以由盆器下方的排水孔觀察植株的根系，如果根系已經太濃密甚至冒出排水孔，就可以進行換盆，並且同時完成修剪及追肥的動作。

首先，剪除植株上枯黃的葉片及葉枝，若覺得植株間太密，也可以將部分枝條剪下作為扦插繁殖，不然重疊的葉片也會因通風不良造成枯萎。之後，再倒出原植株，準備換入7吋盆內，換盆之前，先在土壤底部放入7顆有機肥，再用新土將舊土及肥料完全蓋住，擺入植株，最後再覆蓋土壤用水一次澆透即可。

Q4：該在什麼時候，修剪瑞士薄荷呢？

夏末秋初，是修剪瑞士薄荷的最好時機。生長茂盛的薄荷，在夏季過後，特別需要經常修剪以保持植株的通風，修剪下來的莖葉，可以留下來，用扦插的方法，栽種成另一個新的盆栽。另外，每年的3、6、9月也是非常適合修剪植栽的季節。

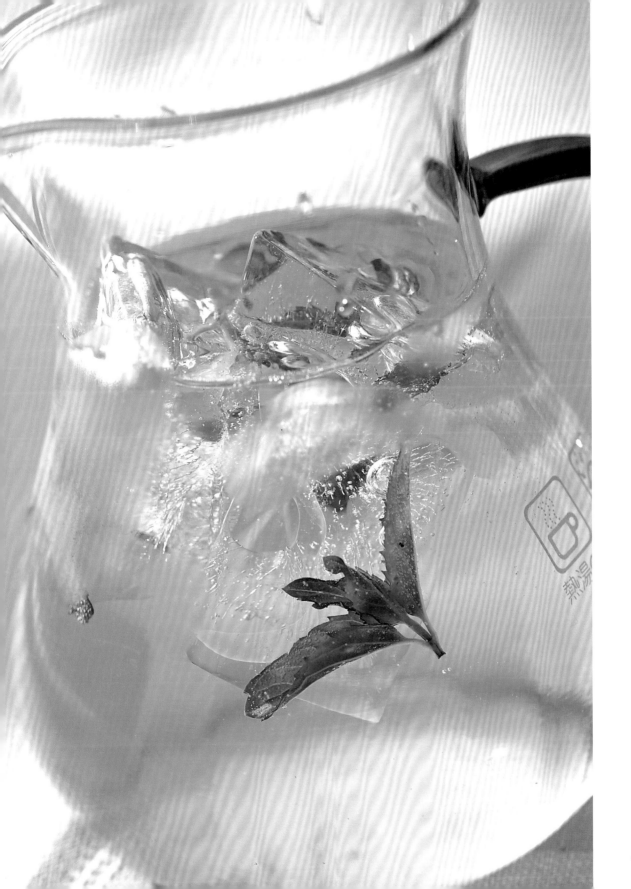

淡淡檸檬清香的天然茶飲

檸檬香茅
Lemon Grass

禾本科	多年生草本

特　徵

• 檸檬香茅俗稱檸檬草，外型長得很像野外的菅芒，所以常常被誤認為野草。尤其是葉緣上的尖刺，也很像菅芒那麼明顯的倒勾。

• 在台灣，有「檸檬」和「香水」香茅兩大類，檸檬香茅因為含有檸檬醛（注1）的成分，比較適合搭配茶飲或料理中，而香水香茅則是因為有很重的香茅醛（注2）成分，比較適合用於沐浴方面。

• 檸檬香茅的莖很短，呈節輪狀，管狀的葉片會從靠近根部的地方長出來，葉子最長可以長到150公分，葉片為叢生，葉片的兩面都很粗糙，秋、冬季進入開花期，因為花不是很搶眼，所以著重在葉莖方面的經濟價值運用。

推薦用途｜茶飲（最佳飲用季節是8～10月）
利用部分｜葉、莖
栽種難易度｜容易

基本資料

別　　　名｜檸檬草
原 產 地｜東南亞
生長特性｜耐熱（屬於抗暑性香草植物）
生長高度｜100～150公分
花　　　期｜12月至隔年3月
採　　　收｜4～11月
繁　　　殖｜以分株為主，台灣北部適合於4～8月進行，台南以南全年皆可。
生長習性｜喜好陽光充足及高溫多溼的環境
日　　　照｜全年全日照。

這是茴香菖蒲，千萬別弄錯了。

注1 檸檬醛

是指香草植物中精油成分裡所含的醛類、酯類及酚類等其中一種，因植株種類而成分不同。檸檬醛有檸檬的香氣，但沖泡飲用卻不具有檸檬的酸味口感。

注2 香茅醛

是指香草植物中精油成分中的一種，味道類似肥皂。

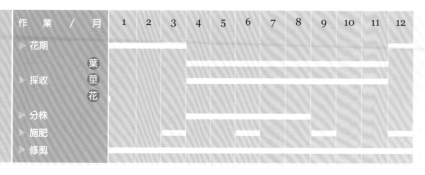

作業／月		1	2	3	4	5	6	7	8	9	10	11	12
▶ 花期	葉莖花												
▶ 採收													
▶ 分株													
▶ 施肥													
▶ 修剪													

繁殖小叮嚀
大約10天之後會發出嫩芽，約30天就可以換盆。

栽種與照顧

- 檸檬香茅對環境適應力極強，只要陽光充足的氣候，就能全年生長旺盛。不過，要留意北台灣冬季5～10℃以下的低溫，會讓檸檬香茅的莖葉變衰弱，但是它的地下根多數還是可以撐過冬天的。

- 栽種方式以分株為主，存活率非常高，北台灣適合在4～8月進行；台南以南則全年皆可分株。記得，要挑選強健而成熟的植株來分株，如果能直接栽種在地上，成長情形會更好。

- 每株之間，儘量保持50～120公分的距離，因為夏季香茅成長茂盛，需要經常採收、修剪，要不然下面的葉片，會很容易枯黃。採收的時候，要剪到葉片底部，但是一定要小心，不要傷到其他的嫩葉。

- 如果你想要成功栽種香茅，只有一個原則，就是經常修剪、保持植株與葉間通風良好，就能有不錯的收成。

栽➡種➡步➡驟

1 取出
〉挑選強健的植株

選取強健而成熟的植株，將盆器倒立並輕輕拍打盆底，以方便取出植株。（強健的植株指的是莖部直徑為3～5公分為依據。）

2 剝開
〉先找到分株點

檸檬香茅屬於根出葉型的多年生草本，葉片會由根部直接往上長，所以要先找到分株點，再同時向兩側施力剝開連結的土壤，再將下方交錯的根部，順著根系輕輕拉開，讓植株各自成為獨立體。

3 除舊土
〉留下二分之一的含土根系

用手握住植物底部，再輕輕將植株上的舊土去除，留下約二分之一的含土根系。

4 分株
〉植入中央

準備新的盆器，裝入三分之一的新土，將植株種入盆器中央。

5 覆土
〉完全覆蓋根部及舊土

從盆器四周填入新土，直到完全覆蓋原株的根部及舊土為止。

6 噴水
〉完全噴溼

用噴水器一次將土完全噴溼（也可以用使用灑水器澆濕）。

so easy 香草變茶飲 | 清香自然的檸檬口感

既可泡茶又可搭配料理調味

檸檬香茅用途很廣，可以使用在茶飲和料理，雖然在外型上不是很搶眼，然而因為含有檸檬醛的成分，茶飲口感甚佳，但也要避免使用太多而造成茶湯過濃，若使用在沐浴就比較無所謂。

材料

500c.c.水、檸檬香茅1枝（約30公分）

作法

1. 準備一個可裝500c.c水的茶壺。
2. 將剪下的香草枝葉先經漂洗後，再放入壺內。
3. 將煮沸的熱水倒入壺內至9分滿，加蓋靜置10分鐘，泡至茶湯出現淡黃色，即可飲用。

（P.S.檸檬香茅的茶湯會隨沖泡的時間加長而越變越深，所以不習慣重口味的人記得要將香草取出。）

QA 大栽問

Q1：分株之前，該準備哪些工具？

培養土適量、檸檬香茅5吋盆原株、剪刀一把、噴水壺一個及3吋盆1～2個。

Q2：分株之後，要如何提供足夠的養分給植株？

可透過追肥的方式，在植株的周遭置放適量的有機肥料，約2～3個月施放一次，即可補充足夠的養分。

Q3：檸檬香茅有防蚊的作用嗎？

基本上，蚊子是不怕任何植物的氣味，所以，檸檬香茅的本身是沒有什麼防蚊性的，但是，你可以將香茅的莖和葉，加水煮沸讓水蒸氣散布在空氣中，這樣就可以達到不錯的防蚊效果，當然，你也可以將水蒸氣收集起來做天然防蚊液使用。

Q4：檸檬香茅運用在料理上，該如何使用最恰當？

有兩種方法，一是完全以葉片為主，綁一綁就可以做香草束，熬高湯用；二是接近根部的莖，磨碎之後，加入醬汁裡就能成為檸檬香茅火鍋的沾料了。

甘甜順口的香草茶

甜菊
Stevia

| 菊科 | 多生草本 |

特　徵

• 甜菊又叫做甜葉菊，雖然是屬於菊科，但是，它的特點不是在花，而是在葉片上。別小看它那小巧的葉片，嚐起來可是有著濃濃的甜味喔。甜菊的根是鬚狀叢生，莖直挺，它的外皮是青綠色，很容易木質化；葉片是對生的，葉緣有淺淺的鋸齒狀，夏末秋初，會開出五枚花瓣的白色小花。

基本資料

別　　名｜甜葉菊
原 產 地｜南美
生長特性｜耐熱（屬於抗暑性香草植物）
生長高度｜30～50公分
花　　期｜8～10月
採　　收｜全年
繁　　殖｜以扦插為主，適合於6～8月進行
溫　　度｜20℃～30℃
生長習性｜喜好溼潤的環境，但也不能太多水。
日　　照｜春、秋、冬季全日照，夏季半日照。

推薦用途｜茶飲（最佳飲用季節是6～8月）
利用部分｜葉、莖
栽種難易度｜容易

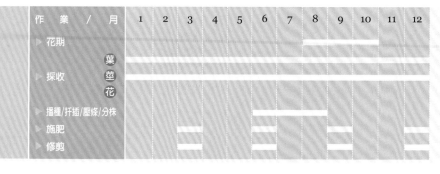

作業 / 月		1	2	3	4	5	6	7	8	9	10	11	12
▶ 花期									■	■	■		
▶ 採收	葉莖花	■	■	■	■	■	■	■	■	■	■	■	■
▶ 播種/扦插/壓條/分株							■	■	■				
▶ 施肥				■			■			■			
▶ 修剪				■			■			■			

繁殖小叮嚀
大約9～15天之後會發根，發根之後約45天可以換盆。

栽種與照顧

- 甜菊在栽培上最該注意的就是，要定期摘心。這個動作，可以促進分枝成長的速度，讓植株更加茂盛。
- 每年的6～8月，進行扦插繁殖，記得，挑選成熟、健康的母株。甜菊的主要運用是在葉片，所以，如果你的甜菊是第一次開花，建議在花苞出現的時候，一定要儘快摘除，因為甜菊開花之後，生命力就會迅速降低，如果不把花苞摘掉，就會影響到葉片的生長。家裡有庭院，可以直接將它栽種在地上，成長情形會更好。

栽 ▶ 種 ▶ 步 驟

1 買小苗
> 挑選良好植株

選擇根系成長良好，地上莖葉鮮綠且尚未開花的健康植株。

2 修剪
> 進行摘蕾

為了讓植株在下次開花時能更繁茂，可以將一些未開的花苞，或已枯萎的花苞修剪掉，將含有花苞的部分剪下，可以延長甜菊的壽命。

3 剪枝〉**剪下枝條**

由原株上剪下約10公分長的枝條4枝。

4 剪斜口〉**幫助發根**

將枝條底端剪出斜口，以利發根。

5 裝土〉**噴溼土壤表面**

將穴盤上裝滿培養土，以噴水器噴溼。

6 扦插〉**進行繁殖**

每格插入一根枝條，深度約3公分的葉莖。

7 噴水〉**完全溼透**

完成扦插之後，再用噴水器將土壤與葉片完全噴溼。

8 換盆〉**繼續成長**

40天之後，穴盤裡面的根系成長完成，就可以進行換盆的動作，讓它繼續成長茁壯。

甜食主義的最佳飲品

愛吃甜品又不想變胖的人有福了

你知道嗎？甜菊葉片的甜度是一般砂糖的200～300倍，有濃濃的甜味，卻沒有人工食品的負擔。對於糖尿病者或減肥者來說，甜菊是很好代糖品，非常適合在泡花草茶時，添加少量（約一兩片就夠了）葉片，茶湯就會有甘甜味，不用另外加砂糖，喝起來一樣很順口。但是要注意的是，在用量上，絕對不可以過多，一天之內，避免食用超過30公克，因為葉片中的糖苷成分，如果食用過量，也可能會對人體產生副作用。

材料

材料：500c.c.水、甜菊3枝（約10公分）

作法

1. 準備一個可裝500c.c水的茶壺。
2. 將剪下的香草枝葉先經漂洗之後，再放入壺內。
3. 將約90℃的熱水倒入壺內至9分滿，加蓋靜置5分鐘，泡至茶湯出現淡黃色，即可飲用。

QA 大裁問

Q1：甜菊最佳的扦插時間是什麼時候呢？

大部分的香草植物進行扦插繁殖，以中秋節過後到隔年的端午節比較合適，唯獨甜菊在每年6月～9月高溫多溼的氣候進行扦插，成功率反而較高。

Q2：甜菊的花，也可以拿來泡茶或食用嗎？

甜菊的花，甜度較低，一般較少運用在茶飲上，大多使用葉、莖部位。

Q3：如果要栽種甜菊，家裡日照環境需要什麼樣的條件呢？

原產自南美的甜菊，日照需求較高，因此要挑選家中陽台或庭院日照充足的環境，以利植栽成長。

Q4：該準備哪些工具呢？

培養土適量、甜菊5吋盆原株、黑色穴盤（原穴盤為50格，可依個人需要裁剪）、噴水壺一個、剪刀一把。

最優雅的藤蔓香草

金銀花
Honey suckle

忍冬科　　常綠藤本

特　徵

- 金銀花是台灣本土品種的香草，對環境適應力非常強，屬於常綠藤本植物。它的葉片圓潤毛絨絨，摸起來很舒服。

- 金銀花的花冠會散發出淡淡清香，開花的時候，剛開始看到的是白色，三天之後，花朵會慢慢變成黃色，然後再漸漸凋謝。所以在金銀花枝條上，常常可以看見有黃花也有白花的情形。

- 金銀花到了冬天經常會不開花甚至不成長，但是並不會死掉，所以它有一個本名叫做忍冬。它的漿果為球形，成熟時是黑色的，帶有一點點麻醉性且有微毒，要切記，不可以食用。

基本資料

別　　　名｜忍冬
原 產 地｜東亞
生長特性｜耐熱（屬於抗暑性香草）
生長高度｜可蔓延十幾公尺
花　　　期｜4～10月
採　　　收｜花苞
繁　　　殖｜以扦插、壓條為主，適合於9月至隔年6月間進行。
生長習性｜高溫多溼環境最佳，冬天成長緩慢，但是不會死亡。
溫　　　度｜15～35℃
日　　　照｜半日照可，但以全日照為佳。

推薦用途｜茶飲（最佳飲用季節是4～10月）
利用部分｜花、花苞
栽種難易度｜容易

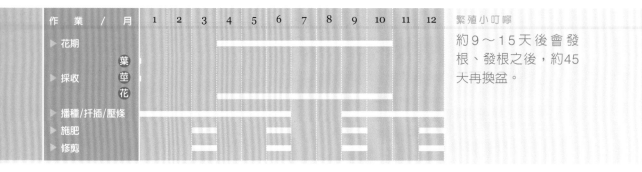

作業 / 月		1	2	3	4	5	6	7	8	9	10	11	12
▶ 花期	葉												
▶ 採收	莖												
	花												
▶ 播種/扦插/壓條													
▶ 施肥													
▶ 修剪													

繁殖小叮嚀

約9～15天後會發根、發根之後，約45天再再換盆。

栽種與照顧

- 金銀花一般通常是在秋天繁殖，冬天讓它休眠，到了春夏，就會大放花朵。但是，如果想在春天繁殖，新株在當年度是不容易開花的。
- 繁殖除了可以使用扦插方式之外，還可利用壓條的方式；也就是利用壓條，讓莖部固定埋在土壤裡，約一週之後就會發根，然後再將該枝條剪下移至別盆。
- 金銀花有爬藤的特性，所以要栽種時最好選擇在有欄杆的環境可以讓它攀爬。

栽 ➡ 種 ➡ 步 ➡ 驟

1 剪莖
〉每段約10公分

將攀爬在牆上的金銀花，剪下幾段莖（每段約10公分）。

2 插鐵架
〉形成十字形

將兩支鐵架交叉插入土裡，形成十字形，然後再看植株高度，調整鐵架插入土裡的深度，原則上，鐵架高度需要比植株高。

3 交叉
〉 綁住交叉點

用束帶將鐵架交叉點固定。

4 固定
〉 順利攀爬

儘量將所有的葉莖都固定鐵架上，讓它能順利向上攀爬。

5 攀藤
〉 形成花籬

在盆子裡的植栽，隨著時間慢慢成長，因為根系受限於盆器大小，所以沒辦法再成長，這個時候，可以將它直接擺放在籬笆下方或埋入土裡栽種在綠籬下，金銀花會在每年4～10月開花期，就會形成一片美麗的花籬。

so easy
香草變茶飲 | 清毒解熱的金銀花茶

花朵香氣是茶飲甜點的靈魂

一般來說，金銀花的葉子是很少被運用的，通常都是使用花朵的部位，但是，要特別注意，金銀花的下方有個綠色的小蒂，具苦味，所以使用前最好先摘除。花謝之後結成果實，具有微毒，不可以食用。金銀花的花朵最常被使用來泡茶，有清毒解熱、預防感冒的功能，可以搭配薄荷沖泡；也可以做為果凍或加在甜湯裡增添香氣，別有一番風味。

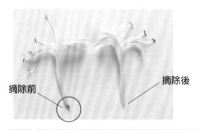

摘除前　　　　　　　摘除後

材料

材料：500c.c.水、金銀花15朵

作法

1. 準備一個容量約500c.c水的茶壺。

2. 將剪下的金銀花摘除綠色小蒂之後，漂洗乾淨，再放入壺內。

3. 用約90℃的熱水倒入壺內至9分滿，泡至茶湯出現淡金黃色，即可飲用。

4. 等茶飲冷卻之後，也可以將茶湯倒入製冰盒內，先倒入製冰盒一半的高度，放入新鮮金銀花一格一朵，再進冰箱冰箱冰凍，待半格茶湯冷凍成冰塊時，再倒入另一半茶湯，完全結冰後就可以將金銀花包在冰塊中間。

（P.S.因為金銀花的花朵較長，所以沖泡前可以先浸泡在水裡5分鐘，讓花萼裡的塵土能去除得更乾淨。）

QA 大栽問

正常

徒長

Q1：為什麼我的金銀花葉與葉之間的距離這麼長呢？

因為植物有向光性，如果日照不足時金銀花就會蔓藤至光源較多的方向，造成葉與葉之間距離拉長的「徒長現象」，只要修剪徒長部分，再將盆栽移至日照足夠之處長出新枝即可解決這個問題。

Q2：如何判斷植株有沒有發根呢？

有兩種方法，一是抓住莖部往上提，如果底下有一些拉力，即表示已有發根的現象，切記，不可整株拔起，以免造成根尖癒合組織受損；第二種方法是，觀察盆器底部排水孔，是否有白色的根冒出，就知道是否已經有發根的現象。

紫色浪漫的小天使

天使花

Angelonia

玄參科	多年生草本

特　徵

- 天使花是近幾年出現的品種，對環境的適應力很強，幾乎全年都可以見到它的蹤跡。天使花一般歸類在花卉類，花的顏色大部分是紫色，也有白色及粉色的品種。

- 狹長狀的葉片，搭配像天使之翼的五瓣花朵，最底下的花瓣還會帶點白色，模樣十分討喜。

- 花開的時候，會由葉的末端兩側長出圓錐形花苞，並由下逐漸往上開花，非常適合觀賞。七、八月台灣的薰衣草花期過後，喜歡花草的朋友，不妨可以種種看天使花，你會發現，好像有許多小天使在陽台上飛舞。

基本資料

產　　　地｜南美

生長特性｜耐熱（屬於抗暑性香草植物）

生長高度｜80～120公分

花　　　期｜4～10月

採　　　收｜4～10月

繁　　　殖｜扦插，適合於9月～隔年6月間進行。

生長習性｜喜好高溫多溼環境，冬季成長緩慢。

溫　　　度｜20℃～30℃

日　　　照｜春秋冬以全日照為主，端午節至中秋節之間則以半日照為佳。

推薦用途｜茶飲（最佳飲用季節是4～10月）

利用部分｜花朵

栽種難易度｜容易

Angelonia / Angelonia angustifolia　PART 2　天使花

63

作業 / 月		1	2	3	4	5	6	7	8	9	10	11	12
▶ 花期	葉												
▶ 採收	莖												
▶ 播種/扦插	花												
▶ 施肥													
▶ 修剪													

繁殖小叮嚀

約9～15天可發根、發根後約45天可換盆。

栽種與照顧

- 高溫多溼是天使花最喜歡的環境，所以每年6、7、8月是它生命力最旺盛的時候，也是花期最漂亮的時間。
- 冬天是天使花生命力較弱的季節，尤其是栽種在黏質性土壤的時候，因為根部無法承受低溫多濕的環境，可能會導致停止成長，甚至因此夭折。
- 建議用扦插的方式栽種天使花。就是從植株頂端剪下約10公分的枝條，然後再將下面5公分的葉片去掉，最末端的3公分植入土裡。扦插的最佳時機，約在每年中秋節過後至隔年端午節之間。
- 注意，如果使用3吋盆儘量不植入3枝以上的枝條，同時不要使用有花苞的枝條，以避免養分不足，要給予足夠的水分，約2週就會發根。

栽 ▶ 種 ▶ 步 驟

1 剪枝
〉**一盆約三枝**

挑選三枝成長情形良好的枝條，由頂端向下計算長度約10公分的枝條，剪下備用。

2 剪花
〉**降低養分消耗**

如果挑選的枝條上面，有已開花或含苞待放的花苞，記得，要先將有花的部分剪掉，以減少養分的消耗。

3 去葉 〉末端5公分

將枝條末端5公分的葉片全部去除。

4 切口 〉剪出斜切口

將枝條底部剪出斜的切口，以利發根。

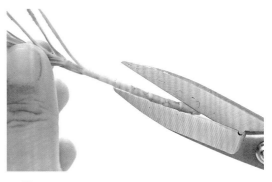

5 噴水 〉讓土壤表面溼潤

用噴水器噴溼扦插盆裡的土壤表面。

6 扦插 〉呈三角形排列

將三枝枝條成三角形排列，插入土中，深度約3公分。

7 噴水 〉完全溼透

完成扦插之後，將土壤完全噴溼，並將植栽放置在戶外陰涼處（如屋簷下）。每日上下午將葉片及土壤各噴溼一次，直到發根為止。

8 發根 〉約二週長根

大約2週，就會發出新的根了，這個時候，就可以移到戶外栽種接受日照。

so easy 香草變茶飲 | 紫色浪漫的天使花茶

凡人無法擋的淡紫色花茶

天使花雖然沒有很特殊的香味,但是它的花朵在沖泡後會出現很美的淡紫色,很適合配合搭配薄荷、檸檬香茅、金銀花或是薰衣草等葉片做成生鮮香草茶。若你有興趣還可嘗試加入檸檬汁,茶色還會再轉變為粉紅色。

材料

500c.c.水、天使花15朵

作法

1.準備一個可裝500c.c水的茶壺。

2.將剪下的天使花先經漂洗後,再放入壺內。

3.將約90℃的熱水倒入壺內至9分滿,加蓋靜置1～2分鐘,泡至茶湯出現淡紫色,即可飲用。

QA 大栽問

Q1:為什麼扦插之前,要把末端五公分的葉子全部去除呢?

因為葉片碰觸土壤,再浸泡在水裡,容易產生病菌,就會影響植物成長。

Q2:哪裡可以買到天使花的小苗呢?

每年入夏之前,在假日花市、栽培苗圃或香草農場等地,都可以買到天使花的小苗。

去葉前　　　　去葉後

Q3:天使花都不開花,該怎麼辦?

在開花期之前,要先進行修剪,然後再施加含磷成分的開花有機肥,如此就可以在花期中開出漂亮的花朵。

令人齒頰留香的泡泡糖香

芳香萬壽菊
Lemon Mint Marigold

| 菊科 | 多年生草本 |

特　徵

• 提到萬壽菊，大家最熟悉的應該是庭園萬壽菊African Marigold（Tagetes erecta），它的味道相當濃郁，不是很好聞，所以又被稱為除蟲菊，屬於一年生草本植物。在香草茶飲中，最近興起的人氣植物，是它的姐妹品種——芳香萬壽菊。

• 芳香萬壽菊屬於多年生草本亞灌木，老株會稍呈半木本，全株都有芳香味；它的葉子不大，由3～5枚小葉形成羽狀複葉，對生，小葉緣有尖銳鋸齒，外觀非常典雅，特別是秋末到春初的花期，頂生黃色單瓣小花互襯，真是令人賞心悅目。

基本資料

別　　名｜香葉萬壽菊
原 產 地｜熱帶美洲地區
生長特性｜耐寒（屬於耐寒性香草植物）
生長高度｜80～120公分
花　　期｜10月到隔年3月
採　　收｜全年
繁　　殖｜以扦插為主，適合於9月至隔年6月間進行。
生長習性｜生命力旺盛，適合直接栽培播於露土中，花叢碩大，需經常修剪。
溫　　度｜15～30℃
日　　照｜全日照栽培

推 薦 用 途｜茶飲（全年皆為最佳飲用季節）
利 用 部 分｜葉
栽種難易度｜容易

作　業　/　月		1	2	3	4	5	6	7	8	9	10	11	12
▶ 花期													
▶ 採收	葉												
	塈												
	花												
▶ 播種/扦插													
▶ 施肥													
▶ 修剪													

繁殖小叮嚀

大約9～15天後會發根，發根之後約45天可換盆。

栽種與照顧

- 以栽種條件來說，芳香萬壽菊生性強健，能適應各類土壤環境。從中秋節後開始栽種，冬天的時候可能進入休眠期停止生長，到了春天又會繼續生長開花。
- 在照顧上要注意保持植栽間通風，彼此株間可控制在80～120公分左右，並且需要經常修剪，以利成長。
- 一般較常使用扦插方式，從枝條頂端剪下約10公分，下面5公分的葉片去掉，入土3公分。扦插時間約在每年中秋節過後至隔年端午節間；注意若使用3吋盆儘量不插超過3枝，約9～15天可發根。

栽▶種▶步▶驟

1 修整

〉 **去除完全枯黑的葉片**

將植株基部老化或養分不足枯黃發黑的葉片，全部拔除。對於已呈焦黑卻還附著的葉片，可以用剪刀修剪掉，以避免用力過度造成植株受損。

2 剪枝
〉矮化植株

由主幹的枝條開始，進行植株矮化，原則上，修剪到植株保留原高度的1/2左右。

3 整理枝條
〉進行扦插繁殖

將剪下的枝條進行整理，每枝留下長約10公分尚為良好的部分，去除下半部5公分葉片後，插於3吋盆土裡深約3公分（一盆3枝），扦插前，記得要先將土壤表面噴溼。

4 噴水
〉完全噴溼

扦插完畢後，記得，一定要用噴水器讓土壤完全溼潤。

so easy 香草變茶飲 | 古早泡泡糖香的芳香茶

飯後喝上一杯，可以幫助消化

想來一點懷舊的感覺嗎？你想像中的芳香萬壽菊茶，是什麼味道呢？是甜甜的？還是像菊花茶？號稱是香草中的「香味」特技演員的芳香萬壽菊，可沒有浪得虛名，它喝起來，竟然是一種古早味的泡泡糖香，相信這樣熟悉地的味道是許多四、五年級生兒時最難忘的記憶。此外，芳香萬壽菊茶最適合在飯後飲用，有促進消化的功效。

材料

500c.c.水、芳香萬壽菊3～5枝（約10公分）

作法

1. 準備一個可裝500c.c水的茶壺。
2. 將剪下的芳香萬壽菊漂洗後放入壺內。
3. 將煮沸的熱水倒入壺內至9分滿，加蓋靜置3～5分鐘，泡至茶湯變為金黃色即可飲用。

QA 大栽問

Q1：用扦插繁殖芳香萬壽菊時該準備哪些工具呢？

培養土適量、芳香萬壽菊5吋盆原株、噴水壺一個、剪刀一把及3吋盆2～3個。

Q2：請問，我扦插的小盆芳香萬壽菊為什麼葉片都軟軟的？

基本上，芳香萬壽菊的扦插成功率非常高，所以非常建議大家用扦插繁殖。而葉片軟軟的，可能是水分不足所造成，因為扦插的枝條在未發根之前，主要是透過葉片毛孔吸收水分，所以最好常保持葉片的溼潤。

Q3：什麼是矮化植株，每種香草植物都需要這樣嗎？

其實矮化植株比較是針對直立型植物（如芳香萬壽菊、羅勒）而非匍匐性植物（如薄荷、倒地蜈蚣），因為直立莖特別容易發生最上方的頂芽存活，而下方葉片養分不足的狀況，造成下方葉片成長狀況較差，這時可以進行植株矮化讓枝葉重新生長，並配合扦插繁殖。

最羅曼蒂克的香草茶

虎頭茉莉
Jasmine

木犀科	多年生常綠灌木

特　徵

- 虎頭茉莉是一種透過園藝栽培所產生的特有的品種。基本上，茉莉有單瓣和複瓣之分，通常單瓣茉莉因觀賞價值較低，所以多成為製作精油的素材，而虎頭茉莉則屬於觀賞價值高的複瓣品種。

- 虎頭茉莉的外觀十分獨特，它的葉端尖銳，葉片兩面平滑呈波狀凹凸，加上搶眼的卵圓形花瓣，當白色重瓣的花朵一叢一叢地綻放時，很容易就吸引住人們的目光。

基本資料

別　　　名	重瓣茉莉
原 產 地	歐洲、西亞地區
生長特性	耐寒（屬於耐寒性香草植物）
生長高度	80～150公分
花　　　期	春秋兩季（4～6月、10～11月）
採　　　收	花苞及花為主
繁　　　殖	以扦插為主，適合於春、秋兩季進行繁殖。
溫　　　度	15～25℃
生長習性	喜歡直接栽種在土裡，在開花前要經常摘心及摘蕾。
日　　　照	春秋冬全日照，夏季則採半日照或遮陰。

推 薦 用 途 ｜茶飲（最佳飲用季節是3～6月、9～11月）
利 用 部 分 ｜花
栽種難易度 ｜容易

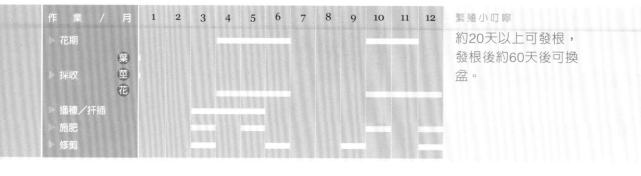

作業／月	1	2	3	4	5	6	7	8	9	10	11	12
▶ 花期				━	━	━				━	━	
▶ 採收				━	━					━		
▶ 播種／扦插			━	━	━							
▶ 施肥			━	━						━		
▶ 修剪			━	━	━					━		

葉莖花

繁殖小叮嚀

約20天以上可發根，發根後約60天後可換盆。

栽種與照顧

- 虎頭茉莉最適合直接栽種在地上，所以若你在花市購買了幼苗可以回到家中後再移植，但要切記，在移植前必須先進行修剪的動作，以免造成養分不足。
- 虎頭茉莉的花期特別集中在春、秋兩季，也就是由冷轉熱或熱轉冷早晚溫差大的氣候，入夏後儘量不要讓植物曝曬在高溫30℃以上的環境，並給予良好的通風及水分控制，避免過於潮溼悶熱。春至夏季可以利用扦插法來繁殖。

栽→種→步→驟

1 觀察植栽

> 找到新長出的花苞

開花結果是植物最大的任務與使命，而摘蕾的目的則在於讓植物生長的更旺盛，若能在最初開花時摘蕾，（去除花苞），第二次成長的花朵會更多、更漂亮。觀察植物，找到需要進行摘蕾的部分。

3 摘蕾〉**順著花莖**

順著花莖，於頂端修剪掉花苞，不要傷到兩側葉片。

4 修剪枝條〉**去蕪存菁**

倘若整枝枝條瘦弱葉片稀少，應當機立斷從接近根部的位置直接剪掉。

5 花朵剪下〉**製成香囊**

收集剪下的花朵，置放在手工DIY的香包內，吊掛在臥室內可增加香氣。

6 扦插〉**進行繁殖**

剪下的枝條按照扦插的標準模式，進行植栽的繁殖。（參考64～65頁扦插步驟）

7 追肥〉**增加花數**

原植株進行追加有機磷肥（開花肥），加速植物開花，3吋盆3顆，依此類推。

8 覆土〉**避免肥傷**

追肥後，一定要進行覆土，完全蓋住肥料，最後再用水一次澆透。

一香草變茶飲真簡單一

so easy 香草變茶飲 | 口感淡雅宜人的茉莉花茶

虎頭茉莉花茶，讓你的思慮更清楚！

在坊間幾乎全年都可以喝到乾燥的茉莉花茶，它濃郁的花香相信每個喝過的人都會留下深刻的印象，而用新鮮的「虎頭茉莉」沖泡的口感所呈現是另一種淡雅宜人的風味，幽雅的香氣、淡淡的茶湯，喝起來完全沒有負擔，很適合一個人在思考或默想時飲用。

此外，也可以用乾燥、新鮮各半的茉莉花一起沖泡，香醇清爽的口感，也會是一種不錯的選擇。另外因為其觀賞價值高，極適合用盆栽、蔓蘿、花壇等方式來美化環境，但是談到香草植物的運用，則較多使用在香味運用及茶飲方面。

材料

500c.c.水、新鮮虎頭茉莉花5朵（選擇略開的花朵）、乾燥茉莉花2公克

作法

1. 準備一個可裝500c.c水的茶壺。
2. 將剪下的虎頭茉莉花漂洗後放一旁備用。
3. 先將乾燥的茉莉花放入壺內，加入熱水至9分滿，加蓋靜置3分鐘，泡至茶呈湯淡黃色後，再加入新鮮的虎頭茉莉花，即可飲用。

（P.S.也可以加入少許蜂蜜成為茉莉蜜茶。）

QA 大栽問

Q1：為了要讓花開得更多更好，是不是所有的花苞都要摘掉？

這是栽培的基本概念，透過摘心及摘蕾的修剪動作，讓植栽儲存養分，則下次葉枝會更茁壯，開花的數量及品質會更多更好。

Q1：如果從花市買回來的虎頭茉莉，只開一次後就不再開了，怎麼辦？

買回來的虎頭茉莉若不在第一時間內摘蕾，可能不會有第二波的花期，因此必須事先摘蕾，如無當機立斷，則必須等到下一次花期來臨前，追加有機磷肥來促進開花。

紫色浪漫的長姐兒

柳葉馬鞭草
Soth America Vervain

| 馬鞭草科 | 多年生草本 |

特徵

• 柳葉馬鞭草，顧名思義，它抽高的花莖，看起來就像一根長長的馬鞭，所以，從外觀上是很容易辨別的。

• 它的葉片是對生的，質地有點粗糙，莖是四方形，嫩莖上長有短絨毛，狹長形葉緣就好像柳葉一樣。

• 春秋兩季，它的花莖會不斷往上挺，開出濃紫色的花簇。正值盛開的時期，高度可以達到二公尺，遠遠看，就像一大片的紫色花海，充滿異國浪漫風情。

基本資料

別　　名｜巴西馬鞭草

原 產 地｜南美洲

生長特性｜耐寒（屬於耐寒性香草植物）

生長高度｜150～180公分（本株約50～80公分，花莖可長到最高2公尺）

花　　期｜4～6月、10～11月（主要集中在春、秋兩季）

採　　收｜4～6月、10～11月（花藝使用）

繁　　殖｜以扦插為主，適合於1～5月、10～11月進行。

溫　　度｜20～25℃

生長習性｜喜好微溼沙質土壤，但忌高溫多溼。

日　　照｜春秋冬全日照，夏季以半日照或需遮蔽。

推薦用途｜觀賞及花藝

利用部分｜花&莖

栽種難易度｜容易

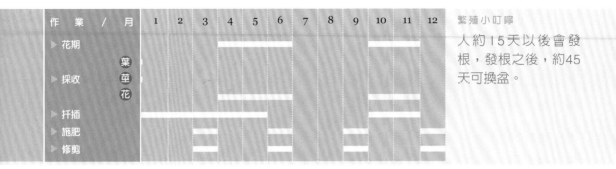

作業 / 月		1	2	3	4	5	6	7	8	9	10	11	12
▶ 花期	葉莖花				━	━	━			━	━	━	
▶ 採收					━	━	━			━	━	━	
▶ 扦插		━	━	━	━	━	━						
▶ 施肥				━			━			━			
▶ 修剪				━			━			━			

繁殖小叮嚀

大約15天以後會發根，發根之後，約45天可換盆。

栽種與照顧

- 柳葉馬鞭草，通常是在開花後，種子成熟落地就會自然播種，也可以利用扦插方式來繁殖。
- 每年4～6月底是第一波花期，可以透過強剪植株，使其矮化，讓它過夏至秋初，再開第二次花。
- 柳葉馬鞭草相當適應台灣的氣候，唯獨冬季成長緩慢，在春末夏初成長很快速，開花甚至可延長到秋末，特別要注意，植株一定要通風，以免因葉片重疊遇水腐敗而造成死亡。

栽 ➡ 種 ➡ 步 驟

1 剪枝
〉剪到最底部

挑選一枝成長情形良好的枝條，直接剪至底部接近土壤處。

2 去花
〉剪至葉叉處

用剪刀將枝條上的花朵去除，以減少養分的消耗。

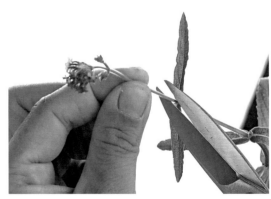

一香草變茶飲真簡單一

3 分段
〉 長約10公分

原則上一根30公分的枝條可以大略剪成三段，以利發根。

4 噴水
〉 讓土表面溼潤

用噴水器噴溼培養土表面。

5 植入
〉 枝條植入土裡

將分段好的3根枝條末端剪出斜口，植入土中成三角形排列，深度約3公分。再用噴水器將土壤與葉片完全噴溼，並將植栽放置在陰涼處（如屋簷下）。

6 換盆
〉 發根後換入5吋盆

先將盆內放入土壤約1/6，置入5顆有機肥料後覆土，把植株放入5吋盆中央，再覆土，直到原植株的土壤完全被覆蓋住為止。

在觀賞用的香草植物中，柳葉馬鞭草算是植株較高的，花期又很長，所以，在庭園景觀搭配上被廣泛運用，想像一下，一片紫色花海，搭配上白色圍籬，是多美的畫面啊！另外，可以用單枝花，運用在花藝設計上，也是很不錯的選擇。

材料

柳葉馬鞭草枝條（含花）10～15枝、高挑型花瓶、水、食用醋

作法

1.準備一個高挑型花瓶，裡面盛裝約1/2的水。

2.在水裡放入1～2滴的食用醋。

3.將剪下的柳葉馬鞭草枝條輕輕甩動，除去枝葉上的沙塵，並在末端剪出斜口，再依個人喜好放入花瓶內，即完成室內切花布置。

（P.S.瓶內水最好每天更換，更換時只需倒出一半，參入另一半乾淨的水即可。）

QA 大栽問

Q1：柳葉馬鞭草既然是要觀賞它的花，為什麼還要摘蕾呢？要如何進行摘蕾呢？

摘蕾本身就是不希望有花苞產生，而是讓更多的葉子行光合作用，以及肥料補給來幫助植株累積養分，讓植株本身更健壯。所以像剛栽植的植株，雖仍然會開花，但枝條纖細且短花朵小且花瓣數少，不適做為花藝使用。所以除了要隨時剪除枯枝、病枝外，也應隨時摘蕾，避免植株浪費養分，一直到由植株基部發育粗壯的枝條，這時開出的花才會更漂亮。有時也會為了讓植株能開出更多的花朵，在第一次花期時先摘蕾，讓植物累積養分在第二次花期時能開得更多更大。

Q1：摘蕾和修剪有什麼不同呢？

摘蕾與修剪不同，摘蕾是針對剛冒出的花苞或剛開的花朵進行摘除，為的就是要減少養分的消耗，讓養分儲存、植株生命力更強，待第二次開花時會更漂亮，花的數量也會更多。

Q1：很多人說，開花的植物要常常施肥，那柳葉馬鞭草要在什麼時候施肥比較好，肥料的分量又是多少呢？

柳葉馬鞭草一年的花期有5～6個月，建議在每年3、6、9、12月進行施肥，原則上3吋盆3顆有機肥料、5吋盆5顆，最多不可超過2倍的比例，記得施肥時要平均放置不可集中某一個位置，施肥後一定要覆土，不但可以避免肥傷，同時也讓養分平均分散。

夏季花園的新寵

馬齒牡丹
Purslane

| 馬齒莧科 | 多年生草本 |

特　徵

- 馬齒牡丹是多年生的香草植物，因為它的葉子很像馬的牙齒、花朵又類似牡丹，所以又被稱為「牡丹馬齒莧」。以花瓣來說，可以分為單瓣和重瓣兩類品種。它的花開在枝條的頂端，葉片厚實可以儲藏水分，有白色、黃色、粉紅色等多種花色。

- 最特別的是，它的開花習性是在早上六點至下午二點之間，通常下午二點過後，花朵就會自然閉合，所以又有人稱它為「半日花」。與它品種相近的是一年生的松葉牡丹。

基本資料

別　　　名	豬母乳仔花、牡丹馬齒莧
原 產 地	南非地區
生長特性	耐熱（屬於抗暑性香草植物）
生長高度	30公分左右，呈匍匐性成長。
花　　　期	6～10月
採　　　收	6～10月（以賞花為主）
繁　　　殖	扦插為主，也可以搭配壓條方式，適合於4～9月間進行。
溫　　　度	25～35℃
生長習性	喜好日照強烈的環境，陽光越強成長越好。
日　　　照	全年全日照

推 薦 用 途	觀賞及花藝
利 用 部 分	花、葉
栽種難易度	容易

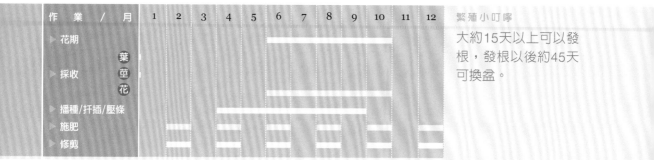

作業 ／ 月	1	2	3	4	5	6	7	8	9	10	11	12
▶ 花期												
▶ 採收			葉莖花									
▶ 播種/扦插/壓條												
▶ 施肥												
▶ 修剪												

繁殖小叮嚀

大約15天以上可以發根，發根以後約45天可換盆。

一香草變茶飲真簡單一

栽種與照顧

- 繁殖的方法，以播種和扦插為主，可以選在每年4～5月間進行播種，它的種子有好光性，大約15天後會發芽。6～9月扦插的時候，要選擇上方枝條，先將花朵修剪掉，再插入土裡；因為其生命力極強又具有匍匐性，所以可以一次插滿整個盆器，大約15天後會發根，記得，不能挑選太潮溼的環境，需要足夠的陽光。
- 耐高溫、乾旱的馬齒牡丹，最不能存活的時節，就是在春天的梅雨季節，在夏季高溫的環境，反而會成長的很好，因此，很適合於夏天栽種作為觀賞用途。
- 另外，因為開花性強，所以馬齒牡丹需要較強肥性的土質，建議，每隔2個月要修剪和施肥，尤其是一定要保持植株間通風，以免被蝸牛、蛞蝓等小蟲破壞。澆水的時候，也要儘量避免直接淋溼在花朵上，以免造成花瓣重疊而潰爛。

栽➡種➡步 驟

1 去枯葉
> **拔掉枯黃葉片**

將枯黃的葉片全部拔掉。

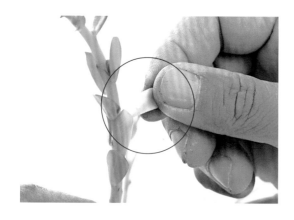

2 取出
> **輕拍盆底倒出**

用手抓住整棵植株的末端，輕輕拍打盆器底部，取出植株備用。

3 盛土 〉大約六分之一

將7吋盆內裝入大約1/6的新土。

4 放肥料 〉依盆器比例

在土壤的表面，插上7顆條狀的基礎肥料（注1），原則上，5吋盆就放5顆，7吋盆就放7顆，以此類推，最多不能超過2倍。

5 覆土 〉避免植物肥傷

肥料如果直接接觸植物根部，會造成「肥傷」（注2），切記，一定要在肥料上覆蓋一層新土，覆土之後的土壤高度大約是盆器的1/2。

6 植入 〉先除去舊土

將舊土去除1/3至1/2之後，把植株放入盆器中央。

注1 基礎肥料

又稱為「基肥」，原指在移植或換盆時，直接置於底部，方便植株根部吸收養分之用。基本上依盆器大小比例施放有機肥料，例如：3吋盆3顆、5吋盆5顆。

注2 肥傷

是指植物的根部直接接觸到肥料，因氮素成分過高，造成吸收過量，容易使葉片快速老化枯黃。

7 再覆土 〉 **完全覆蓋舊土**

從植株的周圍填入新土,至完全遮蓋住舊土即可。

8 鬆土 〉 **拍打盆器邊緣**

用手輕拍盆器邊緣,讓土壤可以平均分散,為了維持土壤中根系的正常生長,切勿用手壓擠土壤。

9 澆水 〉 **完全澆透**

用澆花器將土壤完全溼透,下次需等到土壤微乾後再一次澆透。

色彩繽紛的組合吊盆

一般單瓣的馬齒牡丹多被做為藥用或飼料，早期台灣的養豬人家，常採摘馬齒莧來餵豬，因此有「豬母乳」的別名。重瓣的品種很適合觀賞，在播種的時候，可使用多花色的品種混合栽培，一旦到了花期，就可以擁有色彩鮮豔的美麗花壇。也可以種在岩石、大樹或屋簷下，或以吊盆栽種，葉片與花朵懸掛而下，都會有很好的視覺效果。

材料

5吋的馬齒牡丹盆栽（黃色與桃色各一）、吊盆

作法

1. 如果家中有陽台或屋簷，可以準備一個適合垂掛長度的吊盆。
2. 用竹筷或鐵絲在吊盤內附的塑膠膜底戳一個排水孔洞，以免根部積水。
3. 輕拍馬齒牡丹的盆器外緣，將植株連土倒出，再放入吊盆內。
4. 用手調整植株，讓葉片與花朵向外下自然下垂。

QA 大栽問

Q1：如果不是在建議的時間內播種，種子會不會發芽呢？

還是會的，因為種子只要一遇水就會發芽，但是因為對環境不適應，通常還在嫩芽的時候就會夭折，所以，在適合的栽種期進行播種或繁殖是很重要的。

Q2：請問，馬齒牡丹的花開了兩三天之後，有些就萎縮或爛掉，可以剪掉枯死的花苞嗎？會不會一剪就影響植株的生長呢？

其實不論是哪一種植物，只要開過的花朵呈現萎縮，最好立刻把它剪掉，因為，看起來萎縮或枯死的花，其實仍然會消耗養分，所以，剪掉反而讓植株本身能自行調整養分的供給。如果想延長花朵的生命力，記得，不要將水直接澆在花瓣上，只要將土壤澆透即可。

Q1：繁殖馬齒牡丹，最該特別注意什麼呢？

首先掌握4～5月最佳的繁殖期，再者若枝條上有花朵或花苞一定要先修剪掉，再植入土裡栽種，可延長植株的生命力。

香味濃郁的台灣原生香草

斑紋到手香
Patchouli

| 唇形花科 | 多年生草本 |

特　徵

· 光是聽「到手香」這三個字，就知道它的香味一定是不同凡響喔。到手香有「原生」和「斑紋」二種，基本上，原生到手香比較常見，整株的葉片都是綠色的；而斑紋到手香最大不同處，在葉面或邊緣有白色的斑紋，而且葉片肥厚對生，全株都有粗毛，它的枝葉具有特殊氣味，莖是直立的。

· 春天到秋天之間，是到手香的花期，會開出穗狀的花序，不過，如果拿它的花朵和葉片比較，還是以葉片比較值得觀賞。目前在台灣還是以原生到手香比較常見，斑紋到手香，是近年來才從國外引進的品種，很適合作為觀賞用的香草植物。

基本資料

別　　　名	鑲邊到手香
原 產 地	南亞、印度等地區
生長特性	耐寒（屬於耐寒性香草植物）
生長高度	50〜80公分
花　　　期	6〜8月
採　　　收	全年
繁　　　殖	以扦插為主（壓條亦可），適合於10月至隔年4月進行。
生長習性	不喜好高溫炎熱的氣候，要做適當的遮陰，春、秋兩季成長狀況良好。
溫　　　度	20〜30℃
日　　　照	春、秋、冬全日照，夏季半日照。

推 薦 用 途	觀賞及花藝
利 用 部 分	葉
栽種難易度	容易

93

作業 / 月		1	2	3	4	5	6	7	8	9	10	11	12
▶ 花期							■	■	■				
▶ 採收	葉莖花			■						■	■	■	
▶ 扦插/壓條		■									■	■	■
▶ 施肥				■			■			■			
▶ 修剪				■									

繁殖小叮嚀
大約10～15天後會發根，發根之後大約45天可以換盆。

栽種與照顧

- 每年10月到隔年4月是斑紋到手香最好的扦插時機，繁殖成功率非常高，可以利用原株修剪的時候，順便做扦插的動作。如果分枝很少，沒辦法扦插，就先進行摘心或修剪，這樣可以讓原株長出新枝。泥炭土或砂質壤土是比較適合它的。
- 由於斑紋到手香的葉片比較肥厚，所以比較能適應台灣夏天高溫多溼的氣候，因此也被歸為台灣著名的本土植物。
- 遇上春天的雨季，記得，千萬不可以讓斑紋到手香淋雨潮溼，以避免根部潰爛。

栽 ▶ 種 ▶ 步 ▶ 驟

1 修剪
〉整理雜枝

先觀察植株，將過於突出的枝葉全部修剪掉。

一香草變茶飲真簡單一

2 去葉〉改善葉間通風

將靠近植株基部，因通風不良造成枯黃的葉片，用手輕輕由上往下拔除。

3 矮化〉矮化過長枝條

針對其中幾株過長的枝條，進行矮化修剪，讓全株養分平均供給，同時也達到美化外觀的功效。

4 噴水〉噴溼土壤表面

預備扦插用盆器，將扦插用土壤表面噴溼。

5 植入〉扦插再利用

挑選由步驟3修剪下尚稱良好的枝條，每枝留下約10公分的長度，將末端5公分的葉片去除並剪出斜切口，最後植入盆土內，一盆3枝。

6 再噴水〉完全溼透

因為斑紋到手香的葉片較大，所以噴水時除葉片外，土壤部分也完全噴溼，並將植栽放置在陰涼處或遮陰場所。

so easy
香草變布置

香草蠟燭的浪漫邂逅

由於到手香的味道很特別，建議可以運用在精油蠟燭台上，不但可以營造浪漫的氣氛，還有防蚊蟲的效果！有些人也會直接將葉片放在衣櫃中，用來防蟲蛀。另外，用葉片的汁液塗抹在蚊蟲叮咬的部位，可以達到消腫止癢的效果。

用到手香來泡茶飲，可以減緩喉嚨疼痛，但這是屬於民俗療法的部分，建議讀者還是要視個人體質考量，經由醫師診斷再來飲用比較安全。

原生的到手香在早期是作為印泥的原料，或在墨水裡加入汁液以增加黏稠性及墨水香味；還可以少量加入沐浴也有增加芳香氣息的感受。

材料

斑紋到手香的葉片2～3枚、浮水蠟燭台、精油浮水蠟燭（亦可使用一般浮水蠟燭）

作法

1. 準備一個浮水蠟燭台，裡面放入八分滿的水。
2. 依個人喜好選擇精油蠟燭，最後，將浮水蠟燭及斑紋到手香葉片輕輕放入，即可點燃燭火。

QA 大栽問

Q1：扦插繁殖斑紋到手香時，該準備哪些工具呢？

培養土適量、斑紋到手香5吋盆原株、剪刀一把、澆水壺一個及3吋盆1～2個。

Q2：到手香又有人稱為左手香，是否正確呢？

到手香的「到」以台語發音，會有「左」的同音表現，此誤導後，再以國語譯音則成為「左」字，但為了導正名稱原始涵意，希望讀者以正確的「到手香」來稱之。

Q3：斑紋到手香的葉片肥厚，是不是比較耐旱？比較適合夏天栽種？

葉片肥厚，可儲藏水分及養分，而且它的生命力強，在台灣農田的四周都有栽種。除冬季嚴寒氣候成長較差外，其他季節狀況都非常良好。

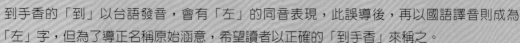

花園最美麗的天然地毯

斑葉倒地蜈蚣
Formosan torenia

| 玄參科 | 多年生草本 |

特　徵

• 斑紋倒地蜈蚣是屬於匍匐性的草本植物，因為有著蔓爬莖一節一節的外型，所以被稱為「倒地蜈蚣」，不過，大家可千萬不要被它的名字嚇到，其實，倒地蜈蚣算是香草植物界裡的美女之一，在香草植物開花較少的炎熱夏季，它卻還能開出藍紫色的唇形花，吸引蝴蝶來採蜜，非常能滿足視覺上的享受。

• 葉片互生，莖分枝多，葉子呈卵形，葉間會挺出花莖，除了藍紫花色的花朵之外，目前園藝界也培育出了白花的品種，因為生命力強，所以在野外也經常可以見到。

基本資料

別　　名｜釘地蜈蚣
原 產 地｜亞洲
生長特性｜耐寒（屬於耐寒性香草植物）
生長高度｜30～50公分（呈匍匐性）
花　　期｜4～10月
採　　收｜4～10月（以觀賞花、葉為主）
繁　　殖｜壓條、扦插、分株皆可，建議用壓條的方式成功率較高。
生長習性｜不耐高溫，喜好潮溼耐陰的環境，但需注意通風良好。
溫　　度｜15～25℃
日　　照｜春、秋、冬可全照，夏季需遮陰或置於陰涼處。

推薦用途｜觀賞及花藝
利用部分｜葉、莖、花
栽種難易度｜容易

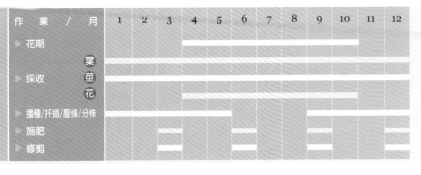

作業 / 月	1	2	3	4	5	6	7	8	9	10	11	12
▶ 花期				■	■	■	■	■	■			
▶ 採收（葉）	■	■	■	■	■	■	■	■	■	■	■	■
採收（莖）	■	■	■	■	■	■	■	■	■	■	■	■
採收（花）			■	■	■	■	■	■	■	■	■	
▶ 播種/扦插/壓條/分株			■	■	■	■						
▶ 施肥				■		■			■			
▶ 修剪				■		■			■			

繁殖小叮嚀

約10‧16天後可發根、發根後約45天可換盆。

栽種與照顧

- 倒地蜈蚣因為具有匍匐性，所以很適合利用壓條繁殖，匍匐莖只要接觸土壤就會自然發根，所以非常容易栽種，成功率幾乎百分之百。
- 倒地蜈蚣日照需求不高，很適合種在牆角或屋簷下，而且花期會隨著栽種環境的而延長，唯一要留心的是，根部絕對不能缺水。倒地蜈蚣最常因為氣候炎熱造成根部缺水而急速死亡，所以，要栽種前一定要謹慎選擇庭園較陰涼處，這是成功擁有一片倒地蜈蚣紫色花海的重要祕訣。

栽 ▶ 種 ▶ 步 驟

1 修剪
〉**整理植株**

買回小苗之後，先細心照顧，等到枝葉漸漸茂密，就要開始修剪。找出過度重複交疊枝葉，進行修剪，以避免造成積壓在下方的葉片腐爛。

一香草變茶飲真簡單一

2 盛土

〉移植換盆

準備一個略有高度的盆具，盛入新土約1/6。放入肥料適量為覆土到1/2。

3 移植

〉整理枝葉

將原植株倒出移植在新的盆具中，再用手整理糾纏的枝葉，減少過密的交疊，讓它的蔓生莖自然下垂。

4 修剪

〉去除有焦黑枝條

整理後，植株若發現其中有枯黃或焦黑的葉片，就用剪刀去除。

so easy 香草變布置 | 垂掛陽台的紫花吊盆

倒地蜈蚣很適合當做花藝布置的主角，在栽種的時候很適合用成吊盆。有人也會拿來做為藥用，或與其他植物做混植，不過最常見的還是拿來欣賞用，特別是斑葉倒地蜈蚣，在觀賞價值上更勝於原生品種，所以鼓勵大家在造景時可以多加利用。

材料

5吋斑葉倒地蜈蚣、壁掛式5吋吊盆（籃）

作法

1. 準備一個壁掛式吊盆（籃），在內裡的塑膠模末端戳一個孔以利排水。
2. 將斑葉倒地蜈蚣移植放入壁掛式吊盆內。
3. 觸摸土壤若呈微乾，則用水一次澆透，即可吊掛在家中陽台裝飾。

QA 大栽問

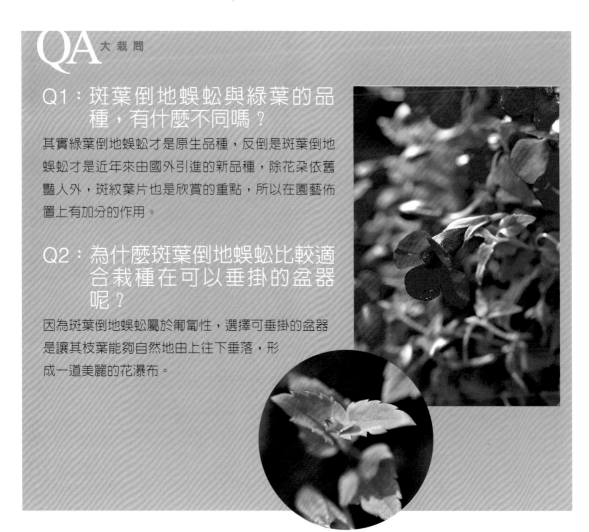

Q1：斑葉倒地蜈蚣與綠葉的品種，有什麼不同嗎？

其實綠葉倒地蜈蚣才是原生品種，反倒是斑葉倒地蜈蚣才是近年來由國外引進的新品種，除花朵依舊豔人外，斑紋葉片也是欣賞的重點，所以在園藝佈置上有加分的作用。

Q2：為什麼斑葉倒地蜈蚣比較適合栽種在可以垂掛的盆器呢？

因為斑葉倒地蜈蚣屬於匍匐性，選擇可垂掛的盆器是讓其枝葉能夠自然地由上往下垂落，形成一道美麗的花瀑布。

香草草坪的最佳選擇

金絲桃
St. John's Wort

金絲桃科　**多年生草本**

特　徵

· 金絲桃是具有匍匐性的香草植物，葉子對生沒有柄，形狀是長橢圓形，而葉子背面有白色的粉斑，花是金黃色的，花瓣有五片，通常雄蕊比花瓣還要長，好像金包絲線的長尾巴，所以才被稱為金絲桃。

· 開花期過後，金絲桃會結籽，種子就會隨風力散播，大約10天左右就會發芽，它旺盛的生命力，彷彿聖徒鍥而不捨的精神，因此有「聖約翰草」之稱，在國外是香草草坪的最佳選擇。

基本資料

別　　名｜聖約翰草
原 產 地｜歐洲地區
生長特性｜耐寒（屬於耐寒性香草植物）
生長高度｜10～15公分
花　　期｜4～6月、10～12月
採　　收｜4～6月（以觀賞為主）
繁　　殖｜配合種子自播，可隨時進行移植。
生長習性｜除了夏季高溫多溼造成植株狀況較差外，旺盛的生命力會持續不斷擴充其勢力範圍。
溫　　度｜15~25℃
日　　照｜全日半日照

推薦用途｜觀賞及花藝
利用部分｜葉、莖、花
栽種難易度｜容易

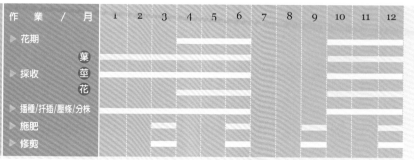

作業 / 月		1	2	3	4	5	6	7	8	9	10	11	12
▶ 花期					■	■	■	■	■	■			
▶ 採收	葉	■	■	■	■	■	■	■	■	■	■	■	■
	莖				■	■	■	■	■	■			
	花							■	■	■			
▶ 播種/扦插/壓條/分株					■	■					■	■	
▶ 施肥				■	■						■	■	
▶ 修剪				■	■								

繁殖小叮嚀

大約10～15天後會發根，發根之後大約45天可以移植換盆。

栽種與照顧

- 金絲桃的生命力很旺盛，除了在酷熱的夏天成長狀況較差之外，春、秋、冬三個季節成長狀況都會不錯。最特別的是，金絲桃的葉片會因為太熱或低溫而變成紅色，這個時候，只要稍加修剪，等溫度回暖或轉冷的時候，它就會立即長出嫩芽。
- 除了自播之外，也可以用扦插、壓條、分株等方式進行繁殖，可以算是香草植物中容易栽培的品種。

栽 ▶ 種 ▶ 步 驟

1 開花 〉結出種子

每年春、夏之際，金絲桃開出黃色小花，花朵凋謝後，種子即含在其中。

2 掉落 〉進行自播

準備2～3個播種盆具，沿著原植物盆具擺放，讓種子隨風自然掉落在預先擺放的盆具內，完成自行播種。若是種在院子裡，自播的效果會更好。

3 發幼苗 〉挖起移植

自播後，種子著土約2個月後，成長出新的幼苗，則可進行移植分為2～3盆。因為幼苗根系著土不深，可以用小鏟子或小湯匙將要移植的小苗連根挖起。

4 噴水 〉讓土壤表面溼潤

將移植用的新盆土表面噴溼。

5 植入〉依換盆程序

將步驟3挖起的幼苗，依換盆程序在新盆具內先盛1/6的培養土，放入基礎肥料後又覆一層土，再將幼苗置入盆具中央，最後將盆具四周的空隙用土補滿、並蓋住幼苗根系，完成後用水一次澆透即可。

so easy 香草變布置 | 雅緻又具創意的香草相框

金絲桃在國外多被運用在藥用，國內仍未普遍使用且相關資訊較少，故不建議任何功效用途。其莖葉口感不佳，也不適宜運用在料理或茶飲方面，但其小巧可愛的葉片與花朵可栽種在草坪周遭形成界線，或採集下來做為壓花、花環、乾燥花的材料，可增加生活上的情趣。

材料

乾燥的金絲桃枝條5～10枝、乾燥的美女櫻4枝（紫花與粉紅各半）、鑷子、4×6相框、4×6卡紙

作法

1. 準備4×6卡紙，用鑷子將乾燥的金絲桃、美女櫻，依個人喜好排列，再用樹脂固定。
2. 放置在通風陰涼處風乾，待樹脂完全乾後，放入相框裡固定。

QA 大栽問

Q1：我很喜歡金絲桃小巧的花，可是常覺得它長得亂亂的，是不是需要修剪呢？

金絲桃若缺乏修剪或疏苗，常會呈現雜草化現象，此時要經常修剪，使其保持最佳狀態。

安全島上最常見的香草植物

粉萼鼠尾草
Lavender Sage

唇形花科　**多年生草本**

特　徵

‧粉萼鼠尾草在國外是多年生的草本植物，但是，在台灣因為開花期集中在4～6月及10～12月，所以大部分都是當做一年生。

‧它的最大特徵是在花的顏色，藍紫色的花瓣，有唇形花科型的特徵，花冠很像我們的嘴唇，有兩片唇瓣，上唇瓣小，下唇瓣大，花很密集，花莖長約20公分，葉莖近方形；對生的葉片呈橢圓狀長卵形，有時又像輪生，葉緣有粗鋸齒，類似薰衣草，所以近年來也常被用來替代薰衣草，在紫花香草植物當中展露頭角。

基本資料

別　　名	藍花鼠尾草
原 產 地	歐洲
生長特性	耐寒（屬於耐寒性香草植物）
生長高度	30～50公分
花　　期	4～6月、10～12月
採　　收	全年
繁　　殖	以播種方式為主
生長習性	冬、夏兩季不易成長，台灣平地大多以一年生草花方式栽培。
溫　　度	15～25℃左右
日　　照	春秋冬全日照、夏天半日照

推 薦 用 途	觀賞及花藝
利 用 部 分	花
栽種難易度	容易

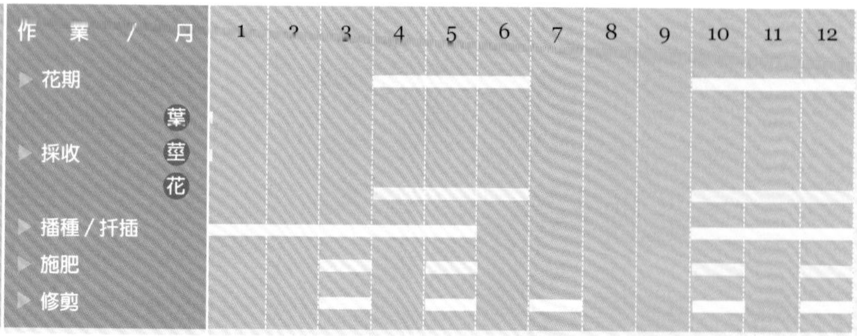

作業／月	1	2	3	4	5	6	7	8	9	10	11	12
▶ 花期				■	■	■				■	■	■
▶ 採收				■	■	■						
▶ 播種／扦插	■	■	■	■	■					■	■	■
▶ 施肥			■									
▶ 修剪				■	■							

（表中直書：薰草花）

繁殖小叮嚀

大約20天後可發根，發根之後約60天可換盆。

栽種與照顧

- 粉萼鼠尾草原來是屬於耐寒性植物，後來經馴化的過程（注1）後，漸漸具備了抗暑性，喜歡溫暖至高溫的環境，但是，高溫的時候，很忌諱長期淋雨潮濕，尤其要特別注意梅雨季節。
- 繁殖的時機是春、秋、冬三季，用扦插的方式，即是，剪取植株上健壯的枝條，扦插於濕潤的3吋盆具中，等成株之後，進行摘心，促使多分枝。
- 在照顧上，愈勤於修剪，下一次開花數會愈多。此外，夏天過後，粉萼鼠尾草會大量的長出新葉，這個時候，就可以進行修剪了，等到秋天，成長情形會更好。
- 如果希望能延長一整年的花期，在春天第一次花期，就可以進行摘蕾，讓植株儲存更多的養分，以達到催花的目的。

栽 ➡ 種 ➡ 步 驟

1 觀察
> 檢查株間

觀察植株之間，其通風度是否不足，如果太過雜亂，就需要剪除枝葉。

2 修剪
> 針對枝條分叉處

檢查之後，發現植株間隙太密集，這個時候，可以剪下部分枝條，以增加通風度。修剪的時候，可以由枝條頂端往下找到枝條分叉點，在分叉點上方約0.5～1公分處剪除。

注1 馴化過程：馴化的過程是指植物在引進國內之後，必須要一段時間（短3～5年，長10～15年）適應臺灣獨特的夏季高溫多溼氣候，此過程稱為「馴化過程」。

一 香草變茶飲真簡單 一

在分叉點上方約0.5～1公分處剪除

3 追肥 〉依盆器比例

原植株在修剪之後，可以順便進行施肥，追加有機肥料，才能促進幼葉成長；5吋盆就放入5顆，依此類推。

修剪後

4 去葉 〉整理枝條

修剪之後，保留較完好的枝條，去除枯黃的葉片，並摘除花朵或花苞，留下長約10公分的枝條，並將枝條末端5公分的葉片去除。

5 切口 〉剪出斜切口

將枝條底部剪出斜的切口，以利發根。

111

6 噴水 〉讓土壤表面溼潤

用噴水器將扦插用土壤表面噴溼。

7 植入 〉呈三角形排列

將三枝併入一盆,插入土中成三角形排列,深度約3公分。完成扦插之後,請噴水將土壤完全噴溼,並將植栽放置在陰涼處。

so easy
香草變布置 | 窗台前朝氣盎然的香草小盆栽

在台灣,粉萼鼠尾草因為普遍被栽培在安全島上,所以又叫「安全島鼠尾草」,通常從每年1月開始栽種至4~6月開花,再來是9月栽種到10月底開始開花,但是不會結出種子。

目前所有觀賞花卉中,粉萼鼠尾草算是很突出的,在台灣,很多人應用在花壇布置,尤其大面積栽培,盛花之際,栽種的粉萼鼠尾草有如薰衣草花海,就讓人彷彿置身在浪漫歐洲的氛圍之中。

材料

3吋粉萼鼠尾草2~3盆(已開花的)、3吋金絲菊3~5盆、培養土、盆器

作法

1. 準備一個米白色系的盆具,裡面放入1/5的培養土。加上肥料後覆土至1/2。

2. 依個人喜好放入粉萼鼠尾草及金絲菊,調整植株的位置,最後再覆蓋些許培養土,植物儘量挑選不同樣式、高度的,以呈現盆栽的層次美感。

3. 移至室內前先用澆花器一次澆透,讓多餘的水流出。

4. 擺放位置如果無法選在日照充足的窗台,建議你至少2~3天移至室外接受日照行光合作用。

QA 大栽問

Q1：我播種了一些粉萼鼠尾草，發芽之後卻不長了，而且還有一株像是掛點的樣子。是不是因為最近天候驟變的關係（一會兒25℃，隔天又降到15℃）？像這樣的情況需不需要把它搬到室內避寒？

粉萼鼠尾草的種子具有偏光性，因此一旦在陰暗處萌芽後，即需要立刻移至有陽光照射之處，依照2小時、4小時、6小時、8小時的日照，採漸進方式。每次調整間隔約2週，則可讓粉萼鼠尾草的幼苗成長良好。15～25℃是它最好的成長溫度，不需要移至室內。

Q2：如果我扦插繁殖粉萼鼠尾草要怎麼知道扦插成功了呢？

扦插粉萼鼠尾草約需15天以上才會發根，15天以後可試著輕輕抓住莖部提起，如果感覺非常鬆動則代表尚未發根，若有抓力則意味著根系開始成長，如此約再45天後，即可換盆。

Q3：朋友給我一包粉萼鼠尾草的種子，請問在播種之前要特別注意？

因為台灣的氣候較炎熱，所以在播種前可以先把未開封的種子包放置於冰箱底層約1週後，將種子包在吸水性強的乾淨的帕或布裡，再用噴水器將手帕或布完全噴溼，放置於陰涼通風處保持手帕或布的濕潤，約1週後即可播種在盆器或育苗砵裡，通常這樣的發芽率會較高。

齒葉薰衣草

檸檬香蜂草

檸檬黃斑百里香

原生紫花羽葉薰衣草

德國洋甘菊

荊 介

檸檬羅勒

檸檬天竺葵

桂花
千屈菜

進階級
香｜草
Advance step by step

藍冠菊
孔雀草

最適合台灣氣候的薰衣草

齒葉薰衣草
Dentata Lavender

唇形花科　　**多年生亞灌木**

特　徵

• 薰衣草以葉形來分，可以分為羽葉、齒葉、狹葉、寬葉及雜交五個品種，像甜蜜薰衣草就是狹葉和齒葉雜交的品系。

• 齒葉薰衣草的花期多集中在每年的4~6月。

• 齒葉薰衣草屬多年生的小型灌木，有深紫色的管狀小花，如果缺少日照的話，花朵會是乳白色的。齒葉薰衣草最大特徵是對生葉片，它的葉緣是齒裂狀、葉背有白色的絨毛、莖短而且纖細。

• 齒葉薰衣草的葉形十分討喜，氣味淡甜且清新，最常拿來沐浴泡澡，很適合做為庭園觀賞植物。

基本資料

別　　　名｜鋸齒薰衣草
原 產 地｜西班牙
生長特性｜耐寒（屬於耐寒性香草植物）
生長高度｜60~80公分（最高可達1公尺）
花　　　期｜3~6月
採　　　收｜全年（以葉片為主，花朵亦可使用。）
繁　　　殖｜扦插為主，適合於2~4月及10~12月
　　　　　　兩個期間進行。
溫　　　度｜15~25℃
生長習性｜在台灣秋冬春成長狀況良好，平地較
　　　　　　不易過夏。
日　　　照｜春秋冬以全日照為主，夏季須於溫室
　　　　　　或網室栽培。

推薦用途｜茶飲（全年皆為最佳飲用季節）
利用部分｜葉、莖、花
栽種難易度｜普通

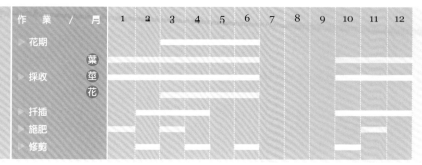

作業／月		1	2	3	4	5	6	7	8	9	10	11	12
▶ 花期	葉 莖 花												
▶ 採收													
▶ 扦插													
▶ 施肥													
▶ 修剪													

繁殖小叮嚀

大約30天左右會發根，發根之後約60天就可以換盆。

栽種與照顧

- 齒葉薰衣草栽種方式多半是用扦插，因為齒葉薰衣草目前在台灣還不會結出種子，扦插時機大約是在每年中秋節過後到隔年端午節之前。
- 如果你是第一次扦插齒葉薰衣草，那麼建議你可以一次扦插好幾盆，然後隔週再扦插幾盆，這樣不僅可以比較成長的情形，更是提升栽種成功機率的好方法。
- 齒葉薰衣草到冬天雖然成長速度會變緩慢，但是，愈冷，它的葉片成長情況反而會愈好，因為它本身就是耐寒性的植物，一到隔年三月中旬，就進入開花期。雖然就原始資料指出，齒葉薰衣草是屬於可以全年開花的植物，但是，在台灣，它的花期主要還是集中在春季。

栽 ▶ 種 ▶ 步 驟

1 觀察
> **檢查植株**

在夏季時請經常觀察植株，通常在夏季期間會呈現衰弱的現象。

2 去葉
> **拔除枯葉**

將枯黃葉片由上往下拔除，或用剪刀將該枯黃枝葉修剪掉。

3 下剪 〉 修剪下方枯枝

如果發現整個枝條只有2～4片是良好的葉片，請在接近底部的地方，直接剪下該枝條，以利重新生長。

4 小修 〉 拔除下方枯黃葉片

若發現整個枝條生長情形尚可，就只需將枯黃葉片摘除即可。

5 追肥 〉 修剪後可再進行追肥

修剪完成的原株，可以立刻進行追肥，才能補充養分，記得，追肥後要再覆土，不要讓肥料直接接觸空氣，以免發霉，大約25天之後，枝條就會再發出新嫩葉。

---

so easy 香草變茶飲 | 讓人消除疲勞的薰衣草茶

疲勞嗎？來杯薰衣草茶吧！

薰衣草是大家最耳熟能詳的香草植物，紫色的花穗深受女性的喜愛，作為茶飲更是具有舒緩、鎮靜情緒的幫助。台灣香草家族學會針對幾種薰衣草作了比較，例如，羽葉薰衣草泡起來比較苦澀，樟腦醛的成分也比較多，味道不是很好；甜蜜、狹葉薰衣草味道又過於強烈，一般人也較不能接受，所以建議最好欣賞就可以了，不要用在茶飲或料理方面。

但是，齒葉薰衣草就不一樣，不論是單獨沖泡，或是少量加在奶茶與咖啡裡面，都能讓飲料口感增味不少。

材料

500c.c.水
齒葉薰衣草3枝（約10公分）

作法

1.準備一個可裝500c.c水的茶壺。

2.將剪下的香草枝葉先經漂洗後，再放入壺內。

3.將約90℃的熱水倒入壺內至9分滿，加蓋靜置約10～15分鐘，待茶湯出現淡綠色，即可飲用。

（P.S.沖泡時，葉片背面的精油囊四周還會產生小氣泡，可以增加沖泡時的樂趣。）

你也可以這樣做

幫助睡眠的創意香草奶茶

齒葉薰衣奶茶

容易失眠的朋友，可以試試這搭配獨特的齒葉薰衣奶茶，不妨在睡前摘幾枝自己種的齒葉薰衣草，來杯DIY「齒葉薰衣草」奶茶，可以讓你能放鬆心情來個好眠。

材料

500c.c.水、紅茶包2個
齒葉薰衣草3枝（約10公分）

作法

1. 準備一個可裝500c.c水的茶壺。
2. 將剪下的齒葉薰衣草漂洗乾淨後瀝乾備用。
3. 將紅茶包放入壺內倒入剛煮沸的熱水，接著再將齒葉薰衣草放入壺內，一起浸泡約10分鐘後，再取出茶包和薰衣草。
4. 再依個人喜好加入糖和奶精，攪拌均勻。
5. 建議放涼後飲用，風味更佳。

QA 大栽問

Q1：很多人都說薰衣草不好栽種，尤其是夏天，很容易就死掉，有什麼方法可以幫助薰衣草度過夏天？

耐寒性植物本來就很怕夏季日照的高溫，尤其是當高溫碰上多溼環境，對薰衣草來說就會產生很大的殺傷力。所以，照顧齒葉薰衣草這類多年生植物的最重要關鍵就是「修剪」。一般來說，薰衣草一年有三大修剪時期：

❶梅雨季節：強剪，約二分之一；因為3、4月產生的花苞如果經過長時間雨水沖刷，就會造成整個萎縮，待雨季結束進入夏天很容易就死亡。

❷六月下旬：強剪，留下約三分之一；因為梅雨季修剪完，在5、6月初又會有一波花期，而且開得特別漂亮，但接下來的生命力就會完全轉弱，所以一定要進行強剪。

❸入冬前：輕微修剪，約三分之一；讓它慢慢長到隔年3月開花。

Q2：所有品種的薰衣草都可以拿來沖泡香草茶嗎？

不是的，以目前現有的薰衣草品種來說筆者還是較建議用齒葉薰衣草來做泡茶，所以動手前要先弄清楚你家栽種的薰衣草品種是否適合沖泡，還是只能用在觀賞或沐浴。

Q3：我的齒葉薰衣草從根部開始「木質化」，而且木質化的部位葉子都枯了，但是有時又會長出小葉子，請問這還有救嗎？

齒葉薰衣草屬於常綠灌木，木質化是正常現象，只要按照Q1的方式修剪，即可讓植栽繼續成長。

Q4：我的齒葉薰衣草也有用扦插繁殖，但不知道是不是最近太熱了，為什麼扦插的隔天枝條垂頭喪氣的樣子？

扦插完最好要放置在陰涼通風的地方，等到植株發根後再慢慢移植到室外，記得新扦插的枝條只能靠葉片的蒸散作用吸收水分發根，所以未發根前不能放置在大太陽底下，容易急速缺水而萎凋。

散發蘋果香味的香草茶

德國洋甘菊
German Chamomile

| 菊科 | 一年生草本 |

特　徵

· 有人稱德國洋甘菊為「地上的蘋果」，因為它的花朵，有著淡淡的青蘋果香味，很適合泡成香草茶。德國洋甘菊的葉片互生，葉型是羽狀細裂，它的莖直立而且分枝很多。莖的頂端會開花，花朵非常小巧可愛，由黃蕊搭配白色花瓣，大多使用在泡茶，十分受女性喜愛。

· 洋甘菊分為德國品種與羅馬品種，其中德國洋甘菊為一年生草本，葉片不具香味，4～6月開花。羅馬洋甘菊為多年生草本，葉片不具香味，在臺灣平地不易開花。

基本資料

別　　名｜黃金菊、春黃菊

原 產 地｜地中海沿岸、西亞、北非

生長特性｜耐寒（屬於耐寒性的香草植物）

生長高度｜30～60公分

花　　期｜4～6月

採　　收｜4～6月

繁　　殖｜中秋節過後以播種方式繁殖，第二年起原栽種地區種子自行萌芽。

生長習性｜隸屬一年生作物，6月底即會枯死，開花後結籽當年度11月開始萌芽，生長環境不宜過度潮溼。

溫　　度｜15～25℃，以20℃最適合。

日　　照｜春秋冬為半日照（4小時左右），不能過夏。

推薦用途｜茶飲（最佳飲用季節是4～6月）

利用部分｜花

栽種難易度｜普通

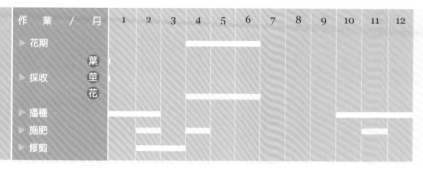

作業／月	1	2	3	4	5	6	7	8	9	10	11	12
▶ 花期				▬	▬	▬						
▶ 採收				▬	▬	▬	▬					
▶ 播種										▬	▬	
▶ 施肥		▬	▬							▬	▬	
▶ 修剪		▬	▬									

（表中直書：洋甘菊花）

繁殖小叮嚀

大約15天之後會發根或萌芽，不建議移植，根部容易受傷。

栽種與照顧

- 德國洋甘菊喜歡陽光充足，地質有點乾燥的土壤。因為不容易移植，所以建議使用直接播種的方式栽培，也可以用「條播」方式，就是直接種植在地面上。
- 當盆裡的植物顯得擁擠的時候，務必要拔除一些，千萬不可捨不得，讓幼苗彼此之間有成長空隙，植物才會長得好。
- 栽種時機在每年中秋節過後約15天，就可以開始播種了。因為它是屬於根出葉型（注1）的草本植物，不適合扦插，但可採用分株栽培。
- 德國洋甘菊屬菊科一年生草本植物，建議用播種栽培是最合適的，所以不要覺得有挫敗感，實在是因為它的生命週期是不能存活過夏。

栽 ➡ 種 ➡ 步 ➡ 驟

1 修剪
＞ 去除枯黃葉片

將枯黃的葉片，從植株接近根部處修除。

2 取出
＞ 輕拍盆底倒出

用手抓住整棵植株末端，輕輕拍打盆器底部，取出植株備用。

注1 根出葉型
是指植物的葉直接從接近土壤根部位置長出來，有別於其他直立型或匍匐型的植物，藉由莖長出葉片。

3 追肥〉依照盆器大小

在5吋盆裡，裝入約1/6的新土，於土壤表面放上5顆條狀的基礎肥料，原則上，3吋盆放入3顆，5吋盆放入5顆，依此類推，最多不能超過2倍。

4 覆土〉避免植物肥傷

為避免肥料直接接觸植物根部，而造成肥傷，切記，一定要在肥料上面再覆蓋新土，覆土之後的土壤高度，大約是盆器的1/2。

5 植入〉除去舊土

將原株德國洋甘菊的舊土去除1/3至1/2之後，將植株植入盆器中央。

6 再覆土〉完全覆蓋舊土

從植株的周圍填入新土壤，至完全遮蓋住舊土即可。

7 鬆土〉拍打盆器邊緣

用手輕拍盆器邊緣，讓土壤可以平均分散，要維持土壤與根系之間通風，切勿用手壓擠土壤。

8 澆水〉完全澆透

用澆花器將土壤完全澆溼淋透，下次需等到土壤微乾之後，再一次澆透。

so easy 香草變茶飲 | 安定情緒的助眠香草茶

用甜甜的蘋果香為睡眠加分

西方自然療法中，洋甘菊多被運用在抗發炎、安定情緒、改善潰瘍、舒緩經前症候群等症狀。但是在台灣，普遍還是習慣拿洋甘菊來泡茶飲用，特別是德國洋甘菊的蘋果香味，讓初次飲用者都讚不絕口。如果在睡前飲用少許，也能讓睡眠品質更佳，和喝薰衣草茶的效果有異曲同工之妙。

材料

500c.c.水、德國洋甘菊12～15朵

作法

1. 準備一個可裝500c.c水的茶壺。
2. 將剪下的德國洋甘菊花朵先經漂洗後，放入壺內。
3. 再將約90℃的熱水倒入壺內至9分滿，加蓋靜置約5分鐘，待茶湯出現接近透明的淡黃色，即可飲用。

（P.S.青蘋果味主要是由黃色的花蕊釋出，所以就算白色花瓣凋萎了，還是可以洗淨拿來飲用。如果你想要增加茶湯的色澤，也可以先用少許的乾燥洋甘菊沖泡3分鐘後，再加入新鮮洋甘菊花。）

QA 大栽問

Q1：什麼時候要換盆呢？一定要換嗎？

時機：待3吋盆底部根系纏繞到盆內無法承載時必須換盆。切勿在炎熱氣候的日正當中換盆，請選擇較涼爽的早晨或傍晚較合適，以利植物根系持續成長。

Q2：一年生的德國洋甘菊，如何才能延長生命週期呢？

一定要把握「上剪下修」栽培的原則，儘量透過修剪讓花莖由底下突起，一方面可以增加花數，同時也可以延長它的生命力。

New idea | 你也可以這樣做

春天的感覺

（德國洋甘菊+原生百里香+香茅）

在成人的感情世界裡，兩男一女通常是悲劇的開始。然而在香草最美的春天裡，兩個香草男主角「德國洋甘菊」、「原生百里香」搭配一個香草女主角「檸檬香茅」的組合，卻是茶飲世界裡令人稱羨的組合。

因為春天正是喝「德國洋甘菊」蘋果香最好的季節，搭配著有深沉男人味的「原生百里香」及有宜人檸檬香氣的「香茅」一起沖泡，不但味道廣受大家喜愛，還具有殺菌、促進消化及增強體力的效果。

材料

500c.c.水、德國洋甘菊花12～15朵、10公分原生百里香1枝、30公分檸檬香茅1枝

作法

1. 準備一個可裝500c.c水的茶壺。
2. 將剪下的香草花朵和枝葉漂洗後，留下洋甘菊花朵，另外用檸檬香茅將原生百里香捆成束。

3. 把步驟2的香草束放入壺內，倒入煮沸水後，再將洋甘菊花朵輕輕放入即可。

（P.S.❶德國洋甘菊、原生百里香、檸檬香茅一起沖泡後會散發檸檬、蘋果及百里香特有麝香酚的氣味，據說日本、歐洲把這個配方用在女性生理期不適時，會產生舒緩的效果，建議女性朋友們不妨也試著喝喝看。

❷若要用燭台加熱保溫味道較濃郁的香草茶，建議你先將香草取出以免味道過重影響口感。）

QA 大栽問

Q3：如何能使德國洋甘菊多開幾次花呢？

記得第一次開出的花苞要儘快摘除，以刺激植物繼續開花，這樣第二次開花數才會比較多，千萬不要捨不得。若是已經開過並且開始呈現凋零枯萎的花朵也要趕緊修剪掉，才不會多消耗植物的養分，造成植物提前夭折。

Q4：我有一些德國洋甘菊的種子，什麼時候適合播種？

通常在每年中秋節過後到隔年2月間都很適合進行播種。

散發濃濃檸檬香的香草茶

檸檬天竺葵
Lemon Scented Geranium

牻牛兒苗科　**多年生草本**

特　徵

• 天竺葵一般分為觀賞和芳香兩個品種。芳香品種，具有各種水果、花卉等香味，所以通稱為「芳香天竺葵」；檸檬天竺葵正是其中一種，全株會散發濃烈的檸檬香氣，非常吸引人。

• 深裂的葉形，葉柄基部有明顯的托葉。它的葉莖屬於有點肉質感，靠近根部或老掉的枝條會呈現木質化。花期是從冬末到初春，會開出五片花瓣的淡粉紅色花朵，非常動人。

基本資料

原 產 地｜非洲南部

生長特性｜耐寒（屬於耐寒性香草植物）

生長高度｜80～120公分

花　　　期｜4～6月

採　　　收｜全年

繁　　　殖｜播種及扦插皆可，在每年元旦過後到清明節間最適合進行扦插。

溫　　　度｜15～25℃

生長習性｜喜好沙質土壤，排水良好的環境，夏季高溫多濕氣候較難適應。

日　　　照｜春、秋、冬季全日照，夏季半日照（要配合遮陰）。

別搞錯，這是蘋果天竺葵的葉子。

推薦用途｜茶飲（最佳飲用季節是3月～6月）

利用部分｜葉

栽種難易度｜普通

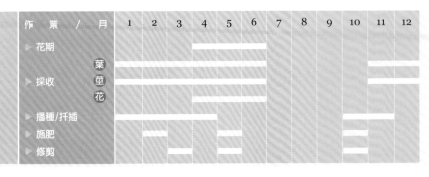

作 業 / 月		1	2	3	4	5	6	7	8	9	10	11	12
▶ 花期	葉莖花												
▶ 採收													
▶ 播種/扦插													
▶ 施肥													
▶ 修剪													

繁殖小叮嚀

大約9～15天以後會發根,發根之後約45天可以換盆。

栽種與照顧

- 檸檬天竺葵喜歡全日照的環境,但是在夏季,還是得視情況進行遮陰避雨。建議挑選在春、秋兩季,採用扦插的方式,繁殖成功率會較高。
- 要注意的是,檸檬天竺葵的葉莖會一直向上成長,所以要定期做修剪和摘心的動作,才會往兩邊持續成長。
- 檸檬天竺葵在冬天的狀況不佳,會進入休眠期,生長速度相對減緩。
- 因此在入冬前要加以修剪,不讓過多的枝條浪費養分,入春前可做換盆或追肥增加養分,春季可說是芳香天竺葵系列成長最良好的季節。

栽 ▶ 種 ▶ 步 驟

1 觀察
〉檢查植株

在夏季過後或強烈日曬之後,觀察植株,看看有沒有呈現衰弱的現象。

2 去葉
〉拔除枯葉

從上往下去除頂端枯黃的葉片。

3 下剪
﹥ 修剪下方枯枝

如果發現整個枝條只有2～4片良好的葉片，請於接近底部處，直接剪下該枝條，留下其他葉片較繁密的枝條，以利植栽重新成長。

4 摘心
﹥ 修剪葉莖分叉處

如果發現整個枝條不斷往上生長，就需要「摘心」將莖頂剪下，或修剪掉上方分枝，刺激枝葉往兩側生長。

5 追肥
﹥ 依照盆器大小

修剪完成的植株，要立刻進行追肥補充養分。沿著盆器邊緣將有機肥料直立插入土壤內，3吋盆3顆、5吋盆5顆，依此類推。

6 覆土
﹥ 用水澆透

追肥之後，記得一定要再覆土，不要讓肥料直接接觸空氣，以免發霉。覆土之後，用澆花器將土壤完全澆透。

so easy 香草變茶飲 | 口感濃郁的檸檬香草茶

讓你喝一口就印象深刻的檸檬香

檸檬天竺葵常因為精油囊含量高，經常被運用在香水原料或精油加工方面，但正因為它濃厚的檸檬香氣，所以在泡茶上也有不錯效果。如果喜歡較濃郁的口感的人，可以先將葉片切小塊狀使用，以增添特殊風味。然而其口感較為獨特，並非所有人都可以接受，可酌量嚐試。

材料

500c.c.水、檸檬天竺葵葉6～10片

作法

1. 準備一個可裝500c.c水的茶壺。
2. 將剪下的檸檬天竺葵葉先經漂洗後，再放入壺內。
3. 將約80～85℃的熱水倒入壺內至9分滿，加蓋靜置5～6分鐘泡至茶湯出現黃綠色，即可飲用。

QA 大栽問

Q1：檸檬天竺葵施肥時，該準備哪些器具呢？

培養土適量、有機肥料一小碗、檸檬天竺葵5吋盆原株、剪刀一把、澆水壺一個。

Q2：我的檸檬天竺葵用5吋盆栽種，長到50公分高，請問，可以剪它的枝條來扦插嗎？要怎麼做呢？

可以的，在每年1月初至4月初之間很適合進行扦插繁殖，可以將5吋盆當作母株，另外再準備2～3個3吋盆盛入培養土，剪下母株枝條6～9枝長約10公分，去除下方5公分的葉片，再用剪刀於枝條末端剪出斜口，一盆3枝插入培養土中排列成三角形，最後再用噴水器完全噴溼葉片與土壤即可。

Q3：每一種芳香天竺葵都能拿來泡茶嗎？

不一定，大部分的芳香天竺葵因為香氣濃郁，都比較適合作沐浴或精油使用，建議用在沖泡茶飲方面可選擇檸檬和玫瑰兩種香氣的天竺葵，但需視個人口感酌量使用。

133

最具保健效果的香草植物

檸檬香蜂草
Lemon Balm

唇形花科　　多年生草本

特　徵

• 很多人把檸檬香蜂草誤認為是檸檬薄荷，雖然都是唇形花科，但是薄荷是薄荷屬，檸檬香蜂草則是西洋山薄荷屬。兩者間最大的差別在於葉型，薄荷大多是鋸齒狀或圓葉狀，但是香蜂草是卵形或心形。

• 檸檬香蜂草一定會有檸檬的味道，因為裡面含有檸檬醛的成分，但是薄荷就不一定。在葉片上，除了跟斑紋薄荷有點接近，葉柄會有絨毛，但是如果仔細看，香蜂草的絨毛還是較為凸顯的。

推薦用途 ｜ 茶飲（全年皆為最佳飲用季節）
利用部分 ｜ 莖、葉
栽種難易度 ｜ 普通

基本資料

別　　名	蜜蜂花、檸檬香水薄荷
原 產 地	地中海沿岸
生長特性	耐熱（屬於抗暑性香草植物）
生長高度	30～60公分
花　　期	6～8月（較不易開花）
採　　收	全年

繁　　殖	以扦插為主，亦可採用分株與壓條方式繁殖。
溫　　度	20～30℃
生長習性	春、夏之際成長最旺盛，注意修剪和保持通風，台灣冬季成長狀況較差。
日　　照	春、秋、冬以全日照為主，夏季要遮陰。

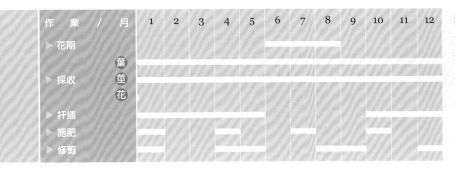

作業／月		1	2	3	4	5	6	7	8	9	10	11	12
▶ 花期													
▶ 採收	葉莖花												
▶ 扦插													
▶ 施肥													
▶ 修剪													

繁殖小叮嚀

大約9～15天可發根，發根後約45天可換盆。

栽種與照顧

- 建議在中秋節過後進行扦插，通常在入冬之前長得還可以，但是一到冬天，生長情形就會變得很差，尤其是過年期間的陰、冷、溼，會讓它的葉片邊緣發黑，所以，一過完冬天，就要進行強剪，修剪到很短，讓它可以重新再生長，相信到了春天植株就會長得非常良好。

栽➡種➡步➡驟

1 剪下 〉 預備扦插枝條

一次剪下9枝成長情形良好的枝條，由頂端往下算起剪下長度約10公分備用。

2 去葉 〉 逆拔方式去除

將枝條末端5公分的葉片用逆拔方式去除，並將枝條底部剪出斜口，以利發根。

3 植入 〉 形成三角形面

準備三個盆器盛土，用噴水器將土壤表面噴溼，每盆插入三枝枝條成三角形排列，深度約3公分。

4 噴水 〉 完全噴溼

完成扦插後，把土壤完全噴溼，並將植栽放置在陰涼處（如屋簷下）。每日上下午將葉片各噴溼一次，直到發根為止。

（PS.扦插除了要掌握端午節過後到中秋節間的黃金時期外，若能再增加扦插盆栽的數量，就能大大提高繁殖的成功率。）

一天喝三杯可保健延壽

新鮮的香蜂草葉片，除了可以增添沙拉和水果裡的檸檬香味外，沖泡在茶裡，也會帶著檸檬的芳香和天然的甘甜味。據說，香蜂草葉片有幫助腸胃消化、改善失眠、抗憂鬱等功效。所以，有句西洋俗諺是這樣說的：「如果一天不喝三杯香蜂草的茶，人就不會長壽。」意思就是，香蜂草裡面含有幫助我們的營養成份，所以被稱之為「長壽之草」。目前在台中農業改良場，也大力在推舉香蜂草，作為保健植物。

材料

500c.c.水、檸檬香蜂草3枝（約10公分）

作法

1. 準備一個可裝500c.c水的茶壺。
2. 將剪下的香草枝葉先經漂洗後，再放入壺內。
3. 將約90℃的熱水倒入壺內至9分滿，加蓋靜置10分鐘，泡至茶湯出現淡淡的橄欖綠色，即可飲用。
4. 沖泡後，葉片可以直接食用。

QA 大栽問

Q1：如果買到花市或量販店內出售的香蜂草種子，要如何進行栽種呢？

一般來說香蜂草種子很小，所以建議播種時用較小的盆器（如3吋盆）或育苗盤（穴盤），內置園藝用培養土，播種深度約1.2～1.5公分，通常15～30天會開始發芽，建議一開始時先於室內培育幼苗，待成株後再移植至戶外日照充足處。

連貓咪都無法抗拒的香草

荊介
Catnip

唇形花科　**多年生草本**

特　徵

• 荊介又稱貓穗草，它的葉片有著粗鋸齒邊緣，莖葉有白色的絨毛，葉子是對生，呈灰綠色心形，比薄荷葉大一點，夏天會開穗狀的白色小花。

• 為什麼要叫「貓」穗草呢？沒錯，就是它的香味，連貓咪聞到都會愛到難以自拔呢。它最特殊的地方，是葉片的香味，非常容易吸引貓兒陶醉在其中。與它品種相近的貓薄荷（CATMINT，*Nepeta xfasenii*）雖然香味不比它吸引貓兒，但是，美麗的花穗開成一片紫色花海，常會讓人誤以為是整片的薰衣草紫色花海。

基本資料

別　　名｜貓穗草

原 產 地｜地中海沿岸

生長特性｜耐寒（屬於耐寒性香草植物）

生長高度｜50～80公分

花　　期｜4～6月

採　　收｜全年皆可採收，以葉、莖為主，但是春季香氣比較濃郁。

繁　　殖｜播種、扦插皆可，適合於1～4月及11～12月進行。

溫　　度｜15～25℃

生長習性｜喜好肥沃、排水良好的土壤，不耐高溫多濕的環境。

日　　照｜春秋冬全日照，夏季半日照為主。

推薦用途｜茶飲（最佳飲用季節是3月～6月）

利用部分｜花、葉、莖

栽種難易度｜普通

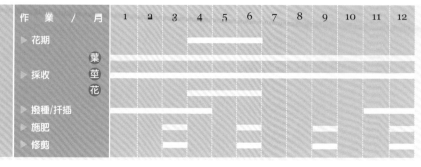

作業／月		1	2	3	4	5	6	7	8	9	10	11	12
▶ 花期					▬	▬	▬						
▶ 採收	葉	▬	▬	▬	▬	▬	▬	▬	▬	▬	▬	▬	▬
	莖												
	花				▬	▬	▬	▬	▬				
▶ 撥種/扦插		▬	▬	▬						▬	▬	▬	▬
▶ 施肥				▬				▬			▬		
▶ 修剪				▬	▬								

繁殖小叮嚀
大約20天以上會發根，發根之後大約60天後可以換盆。

栽種與照顧

- 貓穗草喜歡涼爽的氣候，全日照或半日照的環境它都能適應，但是，如果栽種在日照充足、排水良好的環境，就會加速成長。
- 夏季開花期，最忌高溫多濕，所以必須加以疏剪通風，才能避免植株死亡。冬天的時候，部份葉片會轉為枯黃，可以進行剪枝，這個動作是可以幫助香草安全越冬。
- 除了扦插之外，貓穗草在開花後結籽，可選擇在秋末冬初開始播種，如此將可在春季來臨時，種出更多的貓穗草。另外，環境狀況許可下，貓穗草也會自播萌芽。

栽 ▶ 種 ▶ 步 驟

1 修剪
> 剪掉枝葉

先觀察植株，挑選株間、葉間過度擁擠的枝葉，剪下約原長度的1/4，甚至連生長過長的株枝也可一起剪掉。

2 去葉
> 改善葉間通風

將靠近植株基部因為通風不良造成枯黃的葉片，用手輕輕由上往下拔除。

3 整理
> ### 扦插再利用

將剪下的枝條進行整理，留下長約10公分尚為良好的部分，去除下半部5公分葉片後，並將枝條底部剪出斜口，插於3吋盆土裡深約3公分（一盆3枝），扦插之前，記得，要先將土壤表面噴溼。

4 噴水
> ### 完全噴溼

完成扦插後，請將土壤完全噴溼，並將植栽放置陰涼處。每天上下午將葉片各噴溼一次，直到發根為止。

 ## 香草變茶飲 | 挑戰味蕾獨特口感的香草茶

有感冒前兆？來杯貓穗白花茶吧！

「貓穗草」與「貓薄荷」最大不同是，前者適合泡茶，後者適合作為觀賞之用。貓穗草在茶飲裡最大的特技演出，就是有種讓貓兒喜愛的香味，家裡有養貓的人，不妨可以泡一杯誘惑一下你的貓兒。

不過這氣味對人類的味覺挑戰則呈現兩極化反應，所以，想嚐試特殊口感的讀者，可以沖泡來試一試。據說，早期在歐美國家就有人取「貓穗草」的白花來泡茶，特別是有感冒前兆時啜飲幾口，能達到預防的效果。

材料

500c.c.水、貓穗草2～3枝（約10公分）

作法

1. 準備一個可裝500c.c水的茶壺。
2. 將剪下的貓穗草漂洗乾淨後放入壺內。
3. 將約90℃的熱水倒入壺內至9分滿，加蓋靜置3分鐘，泡至茶湯變為淺蘋果綠即可飲用。

Q1：什麼是植株通風不良，要如何改善？

貓穗草或薄荷類的植物，在生長旺盛的時期，通常容易因為枝葉太茂密，造成通風不良或葉片相互沾黏的情況，這個時候，葉片前端會出現焦黑或局部枯黃的情況，「修剪」就變成一個必要的動作。去除一些枝葉，增加枝葉間的空隙，以改善株間或葉間的通風度，另外也可以減少葉片沾黏腐壞。同時，讓土壤通風也可以減少病蟲害產生。（P.S.修剪下的枝條可以再利用作為扦插繁殖使用。）

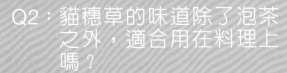
修剪前

Q2：貓穗草的味道除了泡茶之外，適合用在料理上嗎？

據說，古代歐洲在引進中國茶葉之前，大多用貓穗草來泡茶，但是，貓穗草的味道很獨特，不是每個人都能接受的。它的葉和開花的嫩枝都可以拿來泡茶或加入沙拉，或用於肉類料理的調味，有幫助消化、緩和緊張壓力的效果。

Q3：貓穗草茶的味道很特別，在沖泡的時候，要特別注意什麼呢？

其實，貓穗草除了單獨沖泡之外，與百里香或洋甘菊等搭配也都有很好的效果。但是，因為它的味道獨特而且強烈，所以建議第一次沖泡的時候，先用少量試飲，然後再酌量增加。

修剪後

帶有淡淡檸檬香氣的羅勒

檸檬羅勒
Lemon Basil

唇形花科　　**一年生草本**

特　徵

• 檸檬羅勒，顧名思義就是帶有檸檬香味的羅勒。它的葉莖直立多分枝，葉子是橢圓型對生，葉子的表面有光澤，夏天的時候會從葉莖頂端冒出白色花穗，層層相疊，非常漂亮。

• 羅勒是屬於羅勒屬的植物，有許多不同的品種，在台灣，栽培的品種大致分為綠莖和紅莖兩種，主要是作為香辛料蔬菜的用途，而這裡介紹的檸檬羅勒則多是運用在茶飲。

• 檸檬羅勒的檸檬香味濃郁較檸檬香茅、香蜂草強烈，使用上必須酌量，以免香氣過於濃郁影響口感。

基本資料

原　產　地｜中非和南亞
生長特性｜耐熱（屬於抗暑性香草植物）
生長高度｜30～65公分
花　　　期｜6～8月
採　　　收｜全年
繁　　　殖｜播種和扦插皆可，以播種為主，中秋節或元旦之後（即秋、冬兩季）進行。
溫　　　度｜20℃～30℃左右
生長習性｜喜好陽光充足及高溫多濕的環境
日　　　照｜春、秋、冬半日照，夏季半日照。

推 薦 用 途｜茶飲（最佳飲用季節是5～8月、10月）
利 用 部 分｜葉、花
栽種難易度｜普通

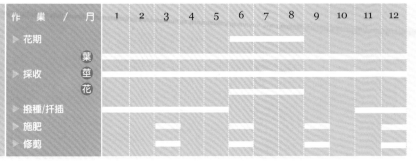

作業／月	1	2	3	4	5	6	7	8	9	10	11	12
▶ 花期												
▶ 採收												
▶ 撥種/扦插												
▶ 施肥												
▶ 修剪												

葉 莖 花

繁殖小叮嚀

大約15天之內可以發芽，發根之後大約45天可以換盆。

栽種與照顧

- 檸檬羅勒喜歡溫暖的環境，在台灣，一年四季都可以生長的很好。如果要進行繁植，建議可以在中秋節過後播種。注意，每一株之間要保持30～50公分，千萬不可以太密，這樣到了春天，就會有不錯的生長成果。
- 到了夏天，檸檬羅勒就會進入大量開花期，記得，要持續摘心，才能促進長出新的枝條。此外，還要多採葉片，儘量不要讓它長得太高，以減少養分的消耗。
- 檸檬羅勒是屬於一年生的草本植物，也就是說，它的生命無法度過當年冬季。如果你想延長它的生命，就要在開花的時候，忍痛剪掉，因為開花是會大大消耗植物生命力的。
- 雖然檸檬羅勒本身耐旱，但是，它在夏天的生長茂盛期，要特別注意修剪及水分的補充，如果是直接栽種在地上，建議大家可以試著與性質相近的植株一起合植。

栽 ▶ 種 ▶ 步 驟

1 挑選
〉完全乾燥

觀察植株，剪下半乾燥狀態的花穗，放在通風陰涼的地方，大約一個星期，到完全乾燥為止。

2 剪段
〉要小心剪

用剪刀依照花穗的層次剪成幾小段。

3 擠壓
〉取出種子

用手指擠壓搓揉花穗，就會從中間掉出黑色的種子，一段花穗大約有15～20顆種子。

4 播種
〉平均分布

準備穴盤或新的盆器盛入新土，將種子置於掌心輕輕撥至土裡，每個3吋盆可以放入3～5顆，要保留適當株間，如果要密集播種，就要等待幼芽發出再進行間拔的動作。

5 噴水
〉完全噴溼

用噴水器一次將培養土完全噴溼，約15天內陸續萌芽。

so easy 香草變茶飲 ｜ 去除飯後油膩感的爽口茶

用泡不用煮的羅勒茶

大多數的人應該都吃過用羅勒烹調的料理，但是，羅勒茶就較少被大家注意了。不過這麼多羅勒的品種裡，筆者比較推薦用檸檬羅勒來泡茶，因為，獨特的羅勒口味，加上淡雅的檸檬香氣，一旦遇上了熱水，就會成為清涼爽口的香草茶了，對於去除飯後口中的油膩感和幫助消化，非常有效，不妨試試看。

材料

500c.c.水、檸檬羅勒2枝（約10公分）

作法

1. 準備一個可裝500c.c水的茶壺。
2. 將剪下的香草枝葉先經漂洗後，再放入壺內。
3. 將約90℃的熱水倒入至9分滿，加蓋靜置6～8分鐘，待茶湯出現翡翠色，即可飲用。

QA 大栽問

Q1：羅勒和台灣九層塔，有什麼不同嗎？

羅勒和台灣九層塔其實都屬於唇形花科羅勒屬，但是因為品種不同，所以氣味和植株外貌上也不太一樣。一般來說，羅勒比九層塔葉片質地軟，而九層塔的氣味較羅勒濃郁許多。

Q2：什麼叫做「摘心」呢？

摘心又可以稱為「摘葉」，就是剪除植株上方的分叉點（芽點），這個動作，除了可以增加分枝的數量，又可以減少養分及水分的耗費，想讓植物成長茁壯，是一定要摘心的。

Q3：羅勒除了檸檬羅勒外，還有哪些其他品種？

羅勒原產於南亞，經由東西交流，包括甜蜜羅勒、紫紅羅勒早已成為歐洲家喻戶曉的香料蔬菜，東南亞則大量運用丁香羅勒、泰國羅勒等做為食物的調味使用。

清爽開胃的檸檬香味茶

檸檬黃斑百里香

Golden Lemon Thyme

唇形花科　多年生常綠灌木

特　徵

• 檸檬黃斑百里香，在外觀上，有很明顯的黃色斑，它的濃郁檸檬香氣，更是讓人無法抗拒。它與綠檸檬百里香最大不同，就是在於葉片上有黃色的斑紋，除此之外，還有銀斑的品種。所以，不論在外型或氣味上，它是所有百里香當中最受歡迎的。

• 它的葉莖具匍匐性，枝梢向上挺起，然後再往左右蔓生，葉片狹小呈橢圓形，略帶肉質。複葉對生狀，正常花期是在春、秋兩季，但是如果早晚溫差在10～15℃的時候，檸檬黃斑百里香反而最容易被刺激開花，這個時候再適當的施予有機磷肥（注1）會開的更多更漂亮。

推薦用途 | 茶飲（最佳飲用季節是1～5月、10～12月）

利用部分 | 葉、莖

栽種難易度 | 普通

基本資料

別　　名 | 檸檬麝香草

原產地 | 地中海沿岸

生長特性 | 耐寒（屬於耐寒性香草植物）

生長高度 | 10～30公分

花　　期 | 3～5月、10～11月

採　　收 | 葉、莖全年皆可採收，台灣平地較不易開花。

繁　　殖 | 扦插、壓條、分株皆可，適合於端午節過後進行。

溫　　度 | 15～25℃

生長習性 | 喜好冷涼乾燥的氣候，土壤需微乾時，再一次澆透，較不易過夏。

日　　照 | 春秋冬全日照，夏季改半日照，或於溫室設施內栽培。

注1 有機磷肥

植物所需的三原素有氮、磷、鉀，其中磷是可以促進植物開花的數量，其中以海鳥糞便所製成的有機磷肥效果最佳。

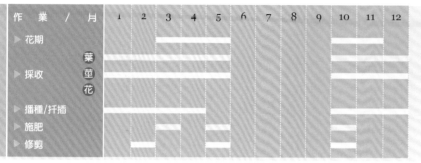

作業／月	1	2	3	4	5	6	7	8	9	10	11	12
▶ 花期												
▶ 採收												
▶ 播種/扦插												
▶ 施肥												
▶ 修剪												

葉莖花

繁殖小叮嚀

大約20天後會發根，發根之後約45天可以換盆。

栽種與照顧

- 檸檬黃斑百里香通常在春天長得非常好，也會開花，但是一到夏天，狀況就會變得非常差，這是正常現象，不用擔心。夏天的高溫多溼，會讓它的生命力變弱，這個時候，就要特別注意日照的溫度，調整盆栽擺放的位置或進行遮曬，並且要更細心的照顧它，以修剪維持通風，一旦度過炎炎夏日，植株仍然存活，秋冬季會成長旺盛。

- 每年最佳栽種期間，是在中秋節過後到隔年端午節之間，可以採用扦插或是壓條的方式，只是時間上，扦插會比較慢，約15天會發根（壓條的發根約20天左右），待成株後接著就要進行摘心，也就是在葉的分叉點的上方剪下，可以繼續扦插或作茶飲用途，讓它橫向生長越來越大。因為黃斑葉片的觀賞價值高，所以建議大家也可以種在庭院裡美化空間。

栽 ▶ 種 ▶ 步 驟

1 盛土
> **鋪土約八分滿**

準備兩個3吋盆器，各裝入土壤約2/3滿。

2 噴水
> **使土壤表面溼潤**

用噴水器將土壤表面噴溼。

3 彎鐵絲
〉成U字型

將準備好四條7公分的鐵絲，全部彎曲成U字型。

4 壓條
〉盆器呈放射狀擺設

挑選原株較長的枝條，用鐵絲將枝條中段壓入土壤內固定（每個枝條約用1～3條鐵絲固定），可視原株情況壓條2～3盆皆可。

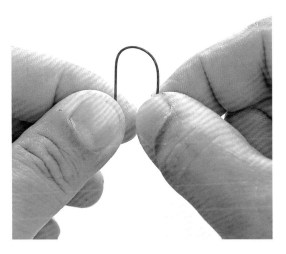

5 〉約二十天

因為檸檬黃斑百里香的莖具匍匐性，一旦葉莖接觸土壤，就會自然發根。所以進行壓條之後，要儘量避免將葉莖從土裡拔出來，原則上20天就會發根。

6 〉盆器呈放射狀擺設

壓條20天之後，可以試著拉一拉葉莖，如果有拉力，就可以用剪刀從葉莖中間剪開，脫離原株，即栽培成一個新的植株了。

so easy
香草變茶飲 | 減輕疲勞感的提神飲料

獨特的香氣讓你難以抗拒

檸檬百里香大部分是用在泡茶，除了百里香原有的獨特香氣之外，還帶有淡淡的檸檬味。基本上，不論是泡茶或摻拌在沙拉裡面，都有不錯的口感。除了潤喉、殺菌的效果之外，檸檬百里香茶還可以減輕疲勞感，幫助開胃。如果想嘗試點不一樣的口味，還可以配合鳳梨或季節水果，做成新鮮香草水果茶，也是非常不錯的組合。

材料

500c.c.水、檸檬黃斑百里香3枝（約10公分）

作法

1. 準備一個可裝500c.c水的茶壺。
2. 將剪下的香草枝葉先經漂洗後，再放入壺內。
3. 將約90℃的熱水倒入壺內至9分滿，加蓋靜置約5分鐘，待茶湯出現淡淡的金黃色，即可飲用。

QA 大栽問

Q1：栽種之前，該準備哪些工具呢？

培養土適量、檸檬黃斑百里香5吋盆原株、噴水壺一個、剪刀一把及3吋盆2～3個。

Q2：檸檬黃斑百里香的栽種困難嗎？為什麼每到夏季就會夭折呢？

檸檬黃斑百里香相當不適應高溫多溼的夏季，尤其臺灣平地一進入8、9月，栽培上顯得相當困難，因此必須配合遮陰栽培才能成長良好。

Q3：檸檬黃斑百里香的採摘有特別的季節或時間嗎？

檸檬百里香在春、秋兩季的早晨最適合進行採摘，其精油的含量最高，如果要沖泡茶飲，可以利用此時機。

令人心曠神怡的桂花香茶

桂花
Osmanthus

木樨科	常綠灌木或小喬木

特　徵

• 俗話說八月桂花香，秋天一到就讓人聯想到桂花。桂花屬於常綠灌木或小喬木，整棵平滑無毛，葉緣呈帶細小的鋸齒。它的葉片接近橢圓，細小的四裂花冠叢生在枝葉間，散發出淡雅的清香。

• 市面上常見的四季桂品種，可以長年開花生長旺盛時，可以從秋末一直開花到春天，在花色上有銀白、橙黃、赤黃三種。桂花的特質不僅香氣迷人，桂花樹的樹形也很美觀，很適合做為庭園美化或盆栽。

• 由於桂花的名氣過於響亮，在國內大都歸類在香花植物，然而在國外分類上仍隸屬在香草植物（HERB）的範疇內。

基本資料

別　　　名｜巖桂
原 產 地｜中國大陸
生長特性｜耐寒（屬於耐寒性香草植物）
生長高度｜80～150公分（最高可達2公尺以上）
花　　　期｜8月至隔年3月
採　　　收｜以花朵為主，主要集中在春秋兩季。
繁　　　殖｜以扦插為主，可在春秋兩季進行。
生長習性｜適應力強，可栽種在任何土壤中，但排水需良好。
溫　　　度｜15℃～30℃最適合。
日　　　照｜全日照或半日照皆可。

推薦用途｜茶飲（最佳飲用季節是8～隔年3月）
利用部分｜花
栽種難易度｜普通

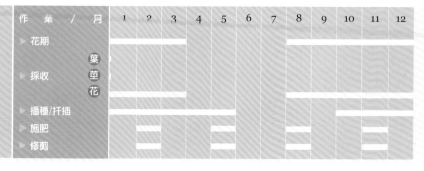

作業 / 月		1	2	3	4	5	6	7	8	9	10	11	12
▶ 花期													
▶ 採收	葉莖花												
▶ 播種/扦插													
▶ 施肥													
▶ 修剪													

繁殖小叮嚀

人約20天以上可發根或萌芽，不建議經常移植，根部容易受傷。

栽種與照顧

- 桂花是木本植物，而且全年都能夠開花，但以秋季是它最盛開的季節，所以栽種桂花的土質要肥沃，還要保持濕潤，同時必須排水性良好。通常繁殖需要栽種三、四年之後才會開花。可以在春秋季利用扦插繁殖，成功率較高。

- 因為芬芳香味十分適合做庭園的栽培，所以建議每半年至少要為它換土換盆一次，並且經常地補充水分，將可以使它長得更好。

栽 ▶ 種 ▶ 步 驟

1 觀察植株

> **擬定計畫**

仔細觀察桂花的每枝枝條，原則上在入夏前，可進行強剪。

2 強剪

> **修剪枝條**

將桂花剪掉約植株的1/2高度，將剪下的枝條留下準備扦插。

3 追肥
⟩ 置放土壤上方

將有機肥料（開花磷肥）置放於盆土上方，輕輕壓下，原則上3吋盆3顆，5吋盆5顆，依此類推，以不超過2倍為標準。

4 覆土
⟩ 防止發霉

將培養土輕輕覆蓋在肥料上方，以防止有機肥料在接觸空氣時會產生發霉現象。

5 澆水
⟩ 一次澆透

原株經修剪、追肥後，再用澆水壺一次澆透。

6 扦插
⟩ 進行繁殖

將剪下的枝條按照扦插（請參考扦插步驟64～65頁）的標準程序進行繁殖栽培，最後需將土壤完全澆溼淋透。

so easy 香草變茶飲 | 生鮮乾燥皆宜的香草花茶

秋天最迷人的桂花茶

新鮮的桂花只要少量沖泡就能產生令人心曠神怡的淡雅香氣，除了單獨沖泡外也很適合搭配其他香草如原生百里季、香蜂草等。另外也可以釀成桂花蜜或桂花露，甚至是對烘焙有興趣的人還可以DIY做個桂花糕。同時也可使用乾燥桂花，但需酌量使用，以免香氣過於濃郁。

材料

500c.c.水、乾燥桂花3～5公克

作法

1. 準備一個可裝500c.c水的茶壺。
2. 將乾燥的桂花先放入壺內。
3. 將煮沸的熱水倒入壺內至9分滿，加蓋靜10分鐘，泡至茶湯出現琥珀色，即可飲用。

QA 大栽問

Q1：我家的桂花都不開花，怎麼辦呢？

大部分栽種在盆具內的桂花，較不易開花，必須2、3年後，才會漸漸開花。此時如果將它移至到庭園內，加上有機磷肥，將可加速其開花及增加開花數量。

Q2：生鮮桂花與乾燥桂花有何差別？

生鮮桂花香氣清新怡人，非常適合泡茶，但是由於其保存不易，所以大部分以乾燥花朵代替，需注意乾燥桂花使用量不得太多，免得茶湯香味太過濃郁，反而失去桂花原有的清香。

最早引進台灣的薰衣草

羽葉薰衣草
Pinnata Lavender

| 唇形花科 | 多年生常綠灌本 |

特徵

· 所有的薰衣草都是屬於芳香的常綠灌木或亞灌木，當然，羽葉薰衣草也不例外。它的花形很像小麥穗狀，花莖是從葉尖端冒出來，再從細長的花莖末梢開出灰紫色花穗。

· 它的葉子是對生，有很多細小的絨毛，狹長形的羽葉是銀灰色，這點是與其他薰衣草最不同的地方。另外，羽葉薰衣草最特別的是，它還有白色花的品種，在味道上，與其它薰衣草相比較，它的香氣較淡，除了觀賞之外，比較不適合做其他用途。

基本資料

別　　名｜蕾絲薰衣草
原 產 地｜地中海沿岸
生長特性｜耐寒（屬於耐寒性香草植物）
生長高度｜50～60公分（花莖可長至1公尺）
花　　期｜3～6月、10～11月（在地中海沿岸可全年開花）
採　　收｜3～6月、10～11月（以賞花為主）
繁　　殖｜以扦插為主，中秋節過後至隔年端午節間扦插成功率較高。
溫　　度｜15℃～25℃
生長習性｜喜排水良好的土壤，要避免高溫多溼的環境。
日　　照｜春秋冬全日照，夏季半日照。

推薦用途｜觀賞及花藝
利用部分｜花
栽種難易度｜普通

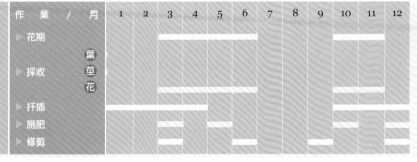

作業 ／ 月	1	2	3	4	5	6	7	8	9	10	11	12
▶花期												
▶採收												
▶扦插												
▶施肥												
▶修剪												

薰衣花

栽種與照顧

- 羽葉薰衣草喜歡乾燥涼爽的氣候，但是在台灣，因為受到季節的限制，所以建議大家把握中秋節過後到元旦之間栽培羽葉薰衣草，最晚，清明節之前，一定要進行扦插繁殖，這樣才能促使逐漸成長的薰衣草能順利度過夏天。
- 在照顧上，因為羽葉薰衣草容易木質化，所以在春季花期過後，一定要注意修剪，讓植株再長出新的花穗。而且，在梅雨季節也可以透過修剪讓植株保持良好的通風環境。
- 進入夏天之後，在照顧羽葉薰衣草上，有兩個重點。一是利用修剪讓植株矮化，修剪至原株高度的三分之一，減少養分的損耗；二是進行遮陰，這樣可以讓羽葉薰衣草安全過夏。秋天一到，就會再重新成長、開花，千萬不要因為捨不得修剪，而造成植株負擔減短生命。

栽 ▶ 種 ▶ 步 ▶ 驟

1 上剪
> 矮化植株

由主幹的枝條開始，進行植株矮化。

2 下拔
> 針對已完全枯黑的葉片

對於植株基部老化或養分不足枯黃發黑的葉片，進行拔除。

一香草變茶飲真簡單一

3 下修
> **基部枯黃葉片**

對於已呈焦黑卻還附著的葉片，可以用剪刀修剪掉，以避免過度用力造成植株受傷。

4 扦插
> **剪枝作為扦插使用**

將上述步驟1～3剪下的枝條進行整理，留下長約10公分尚為良好的枝條，去除花朵或花苞，再拔除枝條下半部約5公分葉片，並於枝條末端剪斜口。

5 噴水
> **讓土表面溼潤**

用噴水器將扦插用培養土表面噴溼。

6 植入
> **再噴水**

準備3吋盆器，盛土後，將整理過的枝條植入培養土裡，深度約3公分，一盆3枝成三角形排列，可一次完成2～3盆。植入後，一定要用噴水器讓土壤和葉片完全溼潤。

so easy 香草變布置 | 讓廚房散發薰衣草香的小撇步

雖然羽葉薰衣草在國外被歸為非正統薰衣草,但是卻是台灣第一個代表性的薰衣草。尤其是在西元2001年,台灣薰衣草風潮盛行之時,幾乎所有大大小小的花園都有栽種羽葉薰衣草。甚至是到現在,它還是園藝薰衣草的主流之一,因為它的花期長達六個月,非常適合運用在園藝造景使用。

在造園景觀時,因為羽葉薰衣草的花是帶著灰紫色,並不是那麼搶眼亮麗,所以筆者建議大家可以和其他亮紫色的香草植物混種,形成一整片多層次的花海美景。

材料

5吋羽葉薰衣草、約6吋白磁盆器(也可以用藤籃,只要大小可以容納5吋盆)

作法

1. 將花市買回來的羽葉薰衣草,進行小幅的修剪,去除枯黃的葉片或枝條。

2. 用手觸摸土壤,若呈微乾,則須先用澆花器將土壤一次澆透。

3. 靜置10分鐘後,待盆器排水孔不再流出水,則將羽葉薰衣草連盆放入6吋的白磁盆器內,即可擺放在廚房流理台上裝飾。

(P.S.要使用上述套盆作法,最好是準備2盆以上的香草則可以作為每日輪替,因為香草的日照需求較大,不可長時間種植於室內,所以每天最好替換不同盆栽進來,可以讓香草保持較良好的狀況。)

QA 大栽問

Q1：薰衣草不都是紫色的花嗎？為什麼我家種得羽葉薰衣草開出白色的花？

羽葉薰衣草最特別的就是還擁有白花的品種，它的葉片是與紫花沒什麼不同，只有在花色與紫花是強烈的對比，所以喜歡羽葉薰衣草的朋友可以嘗試兩種花色的組合盆栽，相信開花期時也會有不錯的視覺效果呈現。

Q2：我去年夏天買的羽葉薰衣草，買回來不到兩個月就莫名的枯死了，請問，夏天是不是不適合種薰衣草？

羽葉薰衣草最不耐高溫多溼的氣候，如果執著於剛買回來的盆栽花朵豔麗，捨不得修剪。通常，入夏後不久即會枯死，因此強烈建議植栽必須藉由修剪改善通風，及控制溫、溼度來度過這段狀況較差的季節。

Q3：可不可以用種子種薰衣草？

狹葉薰衣草在國外較易結籽，較容易取得進行播種。羽葉薰衣草在臺灣不易結籽，必須以扦插的方式進行繁殖。

令人愛不釋手的紫紅小花

千屈菜
Purple Loosestrife

千屈菜科　　多年生草本

特　徵

• 千屈菜是多年生的草本植物，葉片對生，葉子的前端是狹長尖銳，像披針形，而且成規則的正十字，全株很光滑，莖是細長無短毛。它的地下根粗壯，地上莖呈現直立狀，容易木質化。

• 開花的時候，會從莖的頂端冒出穗狀的花序，多而小的花朵密生排列，台灣常見的是紫紅色的小花。

• 在缺乏亮麗花朵的炎炎夏日，千屈菜的紫花系列與天使花便成了花園的主角了。

基本資料

別　　　名│水柳
原 產 地│南美洲
生長高度│80～150公分
生長特性│耐熱（屬於抗暑性香草植物）
花　　　期│6～10月
採　　　收│6～10月（以賞花為主）
繁　　　殖│以扦插為主，適合於3～6月間進行。
溫　　　度│25～35℃
生長習性│喜好高溫多溼的環境，可以栽種在水邊或淺水處。
日　　　照│全年全日照

推 薦 用 途│觀賞及花藝
利 用 部 分│花
栽種難易度│普通

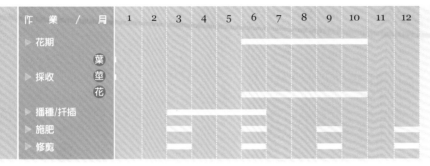

作業／月		1	2	3	4	5	6	7	8	9	10	11	12
▶ 花期							■	■	■	■	■		
▶ 採收	葉草花						■	■	■	■			
▶ 播種/扦插				■	■	■	■						
▶ 施肥				■			■				■		
▶ 修剪				■			■				■		

繁殖小叮嚀
大約10天以上可發根，發根後約40天可以換盆。

栽種與照顧

- 千屈菜喜歡溫暖和日照充足的環境，而且越潮濕成長越好，所以如果家中有小池塘，就可以栽種在水邊。每年3月至6月利用扦插方式進行繁殖，原則上6～10天會發根，存活率很高。
- 千屈菜在每年6月至10月間會大量的開花，記得，要及時剪除開過的花穗，這樣可以促進新花穗萌發。此外，要在通風良好光照充足的環境下，比較不會有病蟲害。
- 花期結束之後，會慢慢進入休眠期，底下的葉片會乾枯，這個時候，就要進行強剪，剪掉枯枝，讓植株減少養分耗損，等到隔年2、3月會再冒出新嫩葉。修剪下的枝條也可以用來進行扦插，同時透過修剪促進原株分枝成長。

栽 ▶ 種 ▶ 步 驟

1 剪枝條
> 一盆3枝

挑選3～5枝成長情形良好的枝條，由頂端向下剪，剪下長度約10公分的枝條備用。

2 剪花
> 花苞也要剪掉

如果挑選的枝條是帶有花或花苞的，記得，一定要先將花去除，不要增加養分的消耗。

3 去葉
> **留下斜切口**

將枝條末端大約5公分的葉片全部去除，再用剪刀剪出斜口，以利水分吸收。

4 發根
> **每週換水**

準備一盛水容器（例如不用的杯子），裝水約八分滿，再將枝條的切口插入水中，視環境狀況3〜5天換水一次。

5 移盆
> **改換盆栽**

約2個月後，根系發展成熟，再移至盆土種植。

二個月後發根狀況

so easy 香草變布置 | 充滿懷舊的庭院造景（如圖一）

在國外有人將千屈茶入菜，但是因為口感不是很好，建議大家還是當做觀賞使用為佳。如果拿來運用在園藝造景上，株間儘量保持50公分，可以栽種在水邊或矮牆旁，在炎熱的夏天，千屈茶依舊花意盎然呢。此外，也可以搭配白色花朵如羅馬薄荷或黃色花朵的馬齒牡丹，整體搭配都能呈現不錯的景觀效果。

材料

木桶、水草（1～2種）、5吋千屈菜盆栽

作法

1. 挑選一個適合自家庭院的木桶，倒入八分滿的水。
2. 依個人喜好養植水草。
3. 將千屈菜連土倒出盆具，用手剝除土壤，小心不要傷到植物的根部，最後再將整株放入水中，用碎石固定位置，跟水草一起搭配，會有古意盎然的景觀呢。

QA 大栽問

Q1：千屈菜可以完全在水中栽培嗎？

基本上，香草植物還是需要土壤裡供應的氮、磷、鉀成分維繫生命，但是因為千屈菜喜歡潮溼的環境，所以短時間用水耕是可以存活的，但是如果希望千屈菜能長得更健壯，在開花期間又能更加繁茂，最好還是移置盆土或於水邊栽種。

Q2：千屈菜的葉片可以食用嗎？

千屈菜既然有「菜」的字眼，在國外是有人將其入菜，但是口感並不佳，且國內也無相關的入菜資訊，因此建議將其運用在夏季的庭園造景資材，不推薦任何其他食用功能。

Q3：千屈菜的觀賞價值高，如何增加開花數呢？

在入夏之前（5月下旬），可藉由修剪後移盆置入基肥或於盆內追肥（磷肥為主），以促進開花率及增加數量。

（圖一）

藍冠菊
燦爛如煙火的菊科植物

Centratherum

菊科　多年生草本植物

特　徵

・藍冠菊是多年生草本植物，原產於委內瑞拉，很能適應台灣氣候。它的葉片互生，橢圓形的葉片，葉莖有毛，葉緣是鋸齒狀，帶有一點淡淡青蘋果味，葉片簇生在莖的頂端。

・每年開花期，藍紫色的花冠會由葉莖頂端冒出，基本上，每個葉莖頂端都能開花，而且花色花形都非常典雅迷人，非常適合庭園布置及大型盆栽利用。

基本資料

原　產　地｜委內瑞拉

生長特性｜耐熱（屬於抗暑性香草植物）

生長高度｜50～80公分

花　　　期｜6～10月（台灣幾乎一年四季都會開花）

採　　　收｜6～10月（以觀賞為主）

繁　　　殖｜以扦插為主，適合於3～5月進行。

生長習性｜喜好高溫多溼的環境，但必須經常修剪保持通風。

溫　　　度｜20～30℃（可以忍受到30℃以上的溫度）

日　　　照｜全年全日照

推薦用途｜觀賞及花藝

利用部分｜花

栽種難易度｜普通

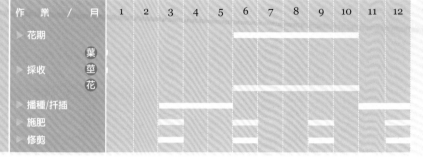

作業 ／ 月	1	2	3	4	5	6	7	8	9	10	11	12
▶ 花期												
▶ 採收												
▶ 播種/扦插												
▶ 施肥												
▶ 修剪												

葉莖花

繁殖小叮嚀

大約20天之後會發根，發根後大約60天可以換盆。

栽種與照顧

- 春末夏初到入冬之前，是藍冠菊生長情況最好的期間。在3～5月間進行扦插繁殖，成功機率會很高。扦插的時候，只要剪下10公分的莖枝，去掉下方約5公分的葉片，然後插入土裡3公分做為扦插即可。記得，在挑選扦插莖枝的時候，要避開有花的莖枝或將花朵部分修剪掉，以減少養分的負擔。

- 如果是在11～12月進行扦插，也是可以的，但是，成長速度會略為緩慢，不過，只要一過冬天，藍冠菊就會開始加速成長了。

- 有庭院的人，可以直接栽種在地面上，因為，藍冠菊本身會結種子自播，所以很適合做園藝栽培。菊科植物的特性是，越冷或越熱的氣候都會促進它開花，所以，在開花期間可以多利用修剪花苞增加它的開花率。

栽 ▶ 種 ▶ 步 ▶ 驟

1 觀察

> 葉片有無萎凋

當植物長時間曝露在高溫下，容易造成葉片萎凋的現象，所以要隨時關心它。

2 給水 〉視狀況澆水

2-1 輕微萎凋

將植物移至陰涼處，用澆花器一次將土壤澆透。

2-1

一香草變茶飲真簡單一

176

2-2 嚴重萎凋

將植物移至陰涼處，連盆放入冷水盆內，水的深度大約是盆器的1/3。

2-2

3 復甦 〉恢復原貌

大約2個小時之後，植栽就會恢復原貌。但是，如果植栽經常落入萎凋的情況，原則上，萎凋3次之後，就可能造成葉片有枯黃的現象，這個時候，就需要進行修剪。

4 修剪 〉去除枯葉和花朵

如果植栽的枝葉已經有點濃密，就要進行修剪，去除枯萎的葉片及花朵。

5 扦插 〉先將花蕊去除

剪下顏色翠綠的枝條，進行扦插繁殖，記得，扦插之前一定要先將花蕊摘掉，以減少養分的消耗。

6 植入 〉發根前保持溼潤

將枝條上的花朵摘掉之後，留下約10公分的長度，去除末端5公分葉片並剪出斜口，再植入盆具內，最後，用噴水器讓葉片及土壤完全溼潤。

古典氣息的香草精油

因為藍冠菊的葉片帶有淡淡的蘋果香，有人會將它拿來泡茶，但是大部分還是使用在觀賞，建議可以搭配白色、黃色的花朵，營造出一個具有古典氣息的香草花園。

當然，如果受空間限制而無法實現香草花園的夢想，可以將藍冠菊跟精油一起做搭配，不但會使你沉醉在浪漫的氣氛中，淡淡的蘋果香氣，會讓人很難抗拒的。

材料

陶製精油台、藍冠菊花朵3～5枚、精油、蠟燭

作法

1. 準備一個陶製精油台，在精油盤上先倒入八分滿的水，再加入4～5滴精油。
2. 再放入藍冠菊花朵於精油盤上裝飾。
3. 若想讓精油效果更持久，你也可以將精油直接滴在藍冠菊花蕊上，會有不錯的效果。

QA 大栽問

Q1：是不是所有菊科植物都屬於香草植物？

香草植物（HERB）是指對人類有幫助的花草總稱，菊科除了帶給人們視覺享受外，部分也可以運用在料理、茶飲、芳香、健康等方面。因此，如同大部分的唇形花科植物一樣，大部分的菊科植物都屬於在香草植物的範疇內。

Q2：如何讓藍冠菊持續不斷開花呢？

藍冠菊的成長相當快速，因此每隔三個月可換盆一次，在換盆步驟中置入有機肥料，將可促進其開花數量。

Q3：藍冠菊的葉片具有蘋果香，可以用來泡茶嗎？

基本上藍冠菊的葉片入菜，口感不佳，故較不建議使用在茶飲中，反而適合運用在庭園造景中。

艷麗四射的花徑植物

孔雀草
French marigold

| 菊科 | 一年生草本 |

特徵

• 孔雀草是菊科萬壽菊屬，一年生草本花卉植物，由墨西哥原產的姬孔雀草和萬壽菊雜交改良而成。它的植株低矮，分枝很多，是呈叢生狀。莖是帶點紫色，葉子對生，像羽毛狀有點分裂，葉子的邊緣有明顯的油腺點（注1）。

• 孔雀草的花序是生在頂端，花的外輪是暗紅色，裡面是黃色，所以又被叫做紅黃草。它的外觀非常好辨認，目前因為品種反覆雜交，除了紅黃色之外，還培育出純黃色、橙色等品種，非常適合栽種在陽台欣賞。

基本資料

別　　名｜法國金盞花、紅黃草

原 產 地｜墨西哥、瓜地馬拉等地

生長特性｜耐寒性（屬於耐寒性香草植物）

生長高度｜20～50公分

花　　期｜6～8月

採　　收｜全年（以觀賞為主）

繁　　殖｜以播種為主，也可使用扦插法。

生長習性｜春、秋兩季狀況較佳，溫度太高或
　　　　　低都會產生適應不良。

溫　　度｜15～25℃

日　　照｜春、秋兩季全日照，冬季需在溫網室栽
　　　　　培，夏季亦需適度遮陰或噴水霧降溫。

推薦用途｜觀賞及花藝
利用部分｜葉、花
栽種難易度｜普通

注1 油腺點：油腺點愈明顯代表其精油含量愈高，因此孔雀草成為蟲類較不願接近的品種，可達到忌避作用。

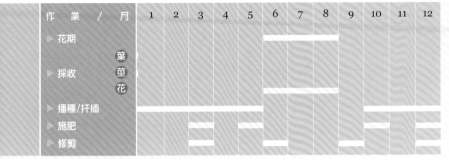

作業 / 月	1	2	3	4	5	6	7	8	9	10	11	12
▶ 花期												
▶ 採收												
▶ 播種/扦插												
▶ 施肥												
▶ 修剪												

葉 莖 花

繁殖小叮嚀

播種大約15～20天後會發根，發根之後大約45天可換盆。

栽種與照顧

- 孔雀草適應性強，喜歡溫暖和陽光充足的環境，比較耐旱，對於土壤和肥料的要求並不嚴格，但是，盛夏酷暑期的花量比較少，可以進行全面修剪矮化植株的工作。
- 在修剪孔雀草的時候，要從地際部位（注2）上算距離3公分左右切齊，如果不連生長緩慢的花莖一起剪除，就會造成生長不整齊。修剪之後，記得，一定要追肥，秋天一到，才又會在新長出來的枝條頂部開花囉。
- 孔雀草在栽種上最大的優勢是育苗期很短，如果用播種栽種，只要大約60天就可以開花，所以，喜歡花卉的朋友不妨可以自己動手試試看。當然，也可以利用扦插繁殖，剪下原植株3枝長約10公分的枝條，去除下方5公分的葉片，插入土裡深約3公分，等待15～20天之後就會發根了。
- 花莖達10～15公分時可以進行整枝，因為一個主幹枝條的分枝的數目不一定，儘量維持在3～4枝，如果留存過多，下方側枝就會因為通風不良而無法開花。所以可以配合修剪將剪下的花莖利用來扦插繁殖。

栽➡種➡步➡驟

1 觀察
> 找到花苞

觀察植株，找到花苞或已經凋謝的花朵，及枯黃、焦黑的葉片。

注2 地際部位
是指植物的莖與根部連結的土壤部位。

一香草變茶飲真簡單一

2 剪花 〉連花莖一起剪

剪花的時候，要從花莖頂端往下找到枝葉分叉處，然後從其上方剪掉。

3 去葉 〉去除枯黃部分

將枯黃或焦黑葉片全部拔除。

4 剪枝 〉於枝條分叉處

將僅存2～4個葉片的花莖，從枝條分叉處剪下，讓枝葉重新生長。

5 挑選 〉扦插再利用

挑選步驟4修剪下來的枝條，留下比較良好的枝條，作為扦插用。

○ 良好　　　✕ 狀況差

6 植入 〉呈三角形排列

把留下好的枝條末端約5公分的葉片全部去除，並且剪出斜口，3枝植入一盆，成三角形排列，深度約3公分。

7 噴水 〉完全溼透

完成植入枝條之後，一定要將葉片、土壤完全噴溼，並且把植栽放置在陰涼處，至發根為止。

so easy 香草變布置 | 橘黃相間的香草提籃

孔雀草，從字面上看來，就知道跟孔雀有點關聯。沒錯，它的花朵綻放的時候，豔麗四射，彷彿孔雀開屏般，非常動人。非常適合與大型香草植物（如千屈菜、天使花等）混合栽種，或是栽種在庭園步道兩旁，成為花徑植物。如果和紫色、白色花朵搭配在一起，可以營造出花園裡高、中、低的層次感，十分賞心悅目。

材料

木製小提籃、3吋橘花孔雀草2～3盆、3吋黃花孔雀草2～3盆、緞帶。

作法

1. 準備一個木製小提籃放入1/6的培養土，加入肥料，覆土至1/2高度。
2. 依個人喜好放入橘花及黃花孔雀草，調整植株的位置，盆具若有空隙可用培養土補足，挑選時可搭配不同花色，增加香草提籃的色彩豐富。
3. 於提把處綁上緞帶，就完成一個充滿活潑朝氣色又可愛輕巧的香草提籃，很適合作為禮物送人。

QA 大栽問

Q1：孔雀草與萬壽菊有何差別？

孔雀草屬於萬壽菊屬，因其氣味濃郁獨特，多用於防蟲或做忌避植物，隸屬於香草植物。萬壽菊則多將其歸類在草花植物中。

Q2：孔雀草除了觀賞用，還有其他用途嗎？

孔雀草適合與蔬菜合植，因為它的氣味被某些蟲類所厭惡，故稱之為忌避作物，而達到共生目的。再加上其根部分泌物，也會造成土層裡的蟲類不願接近，自然達到預防病蟲害的目的。

檸檬馬鞭草

馬郁蘭

原生百里香

天使薔薇

管蜂香草

高手級

香｜草

Challenged step by step

變化萬千的人氣香草

檸檬馬鞭草
Lemon Verbena

馬鞭草科　　多年生灌木

特　徵

・因為帶有檸檬的香味，所以這個品種的馬鞭草就被稱為檸檬馬鞭草。

・它的葉片是長披針形，枝條細嫩是淡綠色，質地有點粗，但是具有光澤，葉子的邊緣有細鋸齒，莖部會隨著成長而老化，葉片脫落之後就木質化了，在夏秋的時候，會從枝條頂端冒出白色或淡紫色的穗狀花序。

・檸檬馬鞭草香氣濃郁，除了必須酌量添加在茶飲中外，其他的運用如芳香精油與沐浴清潔，也都非常適合使用。馬鞭草科植物有許多種類，但以檸檬馬鞭草的使用功能最多。

基本資料

原　產　地｜南美

生長特性｜耐寒（屬於耐寒性香草植物）

生長高度｜80～120公分

花　　　期｜6～8月

採　　　收｜全年皆可採收，以莖葉茶飲為主。

繁　　　殖｜播種為主，設施栽（溫室）栽培扦插成功率較高。

溫　　　度｜15～25℃

生長習性｜喜歡冷涼乾燥，忌高溫多溼氣候。

日　　　照｜春秋冬全日照，夏季需遮陰栽培。

推薦用途｜茶飲（最佳飲用季節是12～3月）

利用部分｜莖、葉

栽種難易度｜困難（較不易發根）

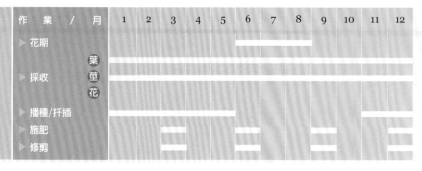

作業 / 月	1	2	3	4	5	6	7	8	9	10	11	12
▶ 花期												
▶ 採收												
▶ 播種/扦插												
▶ 施肥												
▶ 修剪												

葉・莖・花

繁殖小叮嚀

大約20天以上可發根，發根之後約60天後可換盆。

一 香草變茶飲真簡單 一

栽種與照顧

- 秋天，是栽種檸檬馬鞭草的好時機，可以使用扦插的方式，但是成長速度會比較慢，甚至不太容易存活。因為，它是屬於灌木類，所以初期生長速度會比較慢。
- 通常檸檬馬鞭草在冬天會停止成長，一到春天，就會突然快速成長，在入夏之後，會開出一整串白色的花，它和馬郁蘭有共同的特點，開完花如果置之不理，可能植株就會死掉，所以如果想長期栽培，就必須在一冒出花苞時就要剪掉。
- 檸檬馬鞭草的莖枝較為脆弱，時常會因為植栽成長快速而顯得無法直立，此時就必須藉由人為的固定，給予成長的協助。

栽 ➡ 種 ➡ 步 驟

1 插竹條
〉 形成三角形

將三枝竹條沿著盆器的邊緣，分別插入土裡形成三角形，竹條的長度要高於植株。

2 固定
〉 挑選較長的枝條

將成長較快而垂下來的枝條，用束帶固定在竹條上。

3 圍圈

〉形成上下二圈

用束帶將竹條逐一纏繞，上下各圍一圈，讓植栽可以固定在其中順利成長。

New idea 你也可以這樣做

甜蜜的邂逅

（檸檬馬鞭草+咖啡）

相信你喝過香草、榛果口味的咖啡，但是，你一定不曉得在香醇的熱咖啡裡加入最佳女主角「檸檬馬鞭草」，可是會帶來令人驚喜的新體驗。

因為「檸檬馬鞭草」加在咖啡裡會產生有點像薑的香氣，作法方便簡單，還可以依可個人喜好調整香草濃郁度的表現，不妨現在就來試做看看。

材料

500c.c.水、三合一咖啡2包、10公分檸檬馬鞭草1～2枝

作法

1.準備一個可裝500c.c水的茶壺。

2.將剪下的檸檬馬鞭草漂洗乾淨後備用。

3.將約90℃的熱水倒入壺內，接著再倒入三合一咖啡粉或濃縮咖啡攪拌均勻。

4.再將作法2的檸檬馬鞭草放入壺內，加蓋靜置10分鐘後，再取出香草就完成了一壺檸檬馬鞭草咖啡。

（P.S.你也可以將「檸檬馬鞭草」與咖啡一起沖泡，這樣香草的味道會比上述作法還濃郁。或者，用「檸檬馬鞭草」的葉子在泡好的咖啡裡輕輕涮個幾次，也會在咖啡裡產生淡淡的香氣。）

檸檬清香的爽口茶飲

怎麼配都好喝的香草茶

檸檬三劍客，包括檸檬香茅、檸檬香蜂草、檸檬馬鞭草，這三種都是具有檸檬香味的香草植物，香氣都頗受女性喜愛。檸檬馬鞭草屬於馬鞭草科，跟一般馬鞭草不同的地方，就是它有檸檬醛的成份，可以讓這個植物不論是泡茶或與其他飲品搭配都很順口。

除了運用在茶飲中，檸檬馬鞭草還常常被加在咖啡裡，因為它一旦跟咖啡混合，就會產生一種類似薑的味道，變成獨特薑口感的咖啡，在天氣溼冷的時候，喝一杯用檸檬馬鞭草搭配的咖啡，全身就會暖和起來了。

單獨將檸檬馬鞭草拿來泡茶也是很不錯的，或者是和薄荷、薰衣草搭配在一起，形成口感超棒的生鮮花草茶。

材料

500c.c.水、檸檬馬鞭草3枝（約10公分）

作法

1. 準備一個可裝500c.c水的茶壺。
2. 將剪下的香草枝葉先經漂洗後，再放入壺內。
3. 把約90℃的熱水倒入壺內至9分滿，靜置8～10分鐘，待茶湯出現淡淡的草綠色，即可飲用。

QA 大栽問

Q1：植物不是只需要澆澆水、曬曬太陽嗎？為什要做植栽管理呢？

其實植栽管理簡單來說除了基本的澆水、日照、施肥外，還包括了修剪、環境維護及換盆等，特別是修剪及生長環境的維護常是大家會忽略的部分。基本上大部分的植物都需要定期的整枝及修剪，除每年春秋兩季的大修剪外，平日枝條過長下垂或葉片太過茂密不通風都需儘快處理，以提供植株有通風良好的環境及完好美觀的樹形。

Q2：檸檬馬鞭草可以用種子來栽種嗎？或者有其他更好的栽培方式嗎？

建議還是用播種，如果要使用扦插繁殖，記得有耐心等，因為它的發根期較長，另外要注意發根前需放在陰涼的地方，待成株後再移植換盆。

古典淡雅的香味花茶

天使薔薇
Angel Rose

薔薇科　　多年生小灌木

特　徵

· 天使薔薇是野生薔薇的一種，原產地在地中海沿岸，它的植株會蔓延或攀緣，葉片互生，大多是奇數羽狀複葉，葉緣有小鋸齒狀，莖部有刺突起。

· 它的花朵是粉紅色的，也有白色及淡紅色的品種花型很嬌小，帶著淡淡的玫瑰香氣，氣味非常吸引人，觀賞價值極高。透過有機栽培的天使薔薇，其花朵可添加在茶飲、料理中。

基本資料

原 產 地｜地中海沿岸

生長特性｜耐寒（屬於耐寒性香草植物）

生長高度｜80～120公分

花　　期｜全年（集中在春秋兩季，溫差變化大的季節）

採　　收｜以花苞到花朵完全綻開之間採收最適宜（食用花朵在栽種過中，絕不可噴灑化學農藥。）

繁　　殖｜扦插為主，適合於11月至隔年3月間進行，成功率較高。

溫　　度｜15～25℃

生長習性｜不喜歡好多溼的環境，需要等盆土微乾時，再進行一次澆透。

日　　照｜春秋冬全日照，夏季需遮陰或在溫網室內栽培。

推薦用途｜茶飲（最佳飲用季節是5～8月）

利用部分｜花（苞）

栽種難易度｜困難

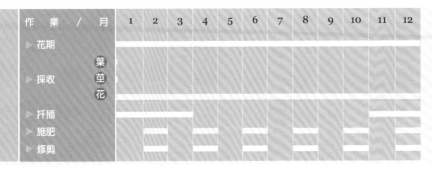

作業／月		1	2	3	4	5	6	7	8	9	10	11	12
▶ 花期	葉莖花												
▶ 採收													
▶ 扦插													
▶ 施肥													
▶ 修剪													

繁殖小叮嚀

大約20天以上會發根，發根之後約60天可換盆。

栽種與照顧

- 在一般人的想法裡，總是覺得玫瑰或薔薇是嬌嬌女，不太好照顧，其實並不然。薔薇對水分的需求大，但是卻不喜歡多溼的環境，所以在照顧上，要特別注意排水，不要讓根部一直浸泡在水裡。
- 通常春、秋兩季生長情形良好，到了夏天，狀況會變差，冬天甚至會有冬眠的情形。
- 天使薔薇已經可以克服台灣氣候，全年都可以開花。但是要切記，在開花期之前一定要修剪，平均是兩個月一次做小修剪，到下個月後，花就會開得很漂亮，尤其是每年2～6月期間，夏天多修剪，秋天就會有另一波花期。
- 可以使用扦插法來繁殖，特別是可以將剪下來的枝條泡在水裡半天，有助發根成功。記得，葉片要保持溼度，但是土壤不要過溼。薔薇科的植物通常都不太容易扦插，一旦抓住訣竅，就可以輕鬆的進行栽培。

栽 ➡ 種 ➡ 步 驟

1 加肥
› 照盆器比例

將3顆粒狀有機肥置放在培養土上，平均落在三角位置，原則上3吋盆3顆、5吋盆5顆，依此類推，最多不要超過2倍。

2 覆土
› 避免肥傷

用新土將肥料完全覆蓋，避免肥料接觸到空氣或水後產生發霉造成肥傷。

香草變茶飲真簡單

3 剪枝 〉一盆3枝

挑選三枝成長情形良好的枝條，由頂端向剪下長度約10公分備用。

4 去葉 〉約5公分

將枝條末端5公分的葉片去除。

5 切口 〉剪出斜切口

將枝條底部剪出斜的切口，以利發根。

6 噴水 〉讓土壤表面溼潤

用噴水器將扦插用土壤表面噴溼。

7 扦插 〉保持土壤與葉片溼潤

將三枝枝條插入土中排列成三角形，深度約3公分，完成扦插後，再用噴水器將土壤完全噴溼，並將植栽放置在陰涼處（如屋簷下），每日上下午將葉片各噴溼一次，直到發根為止。

so easy 淡淡粉色的古典花茶
香草變茶飲

玫瑰香味最誘人

天使薔薇除了樣子具古典美感之外，新鮮的花瓣沖泡在茶飲裡，相較於玫瑰，也多了幾分淡雅的香氣。沖泡出來的花草茶湯，帶著淡粉紅的視覺效果，如果覺得茶味不夠，還可以隨意加入紅茶。此外，也可加入餅乾的麵團裡做成薔薇餅乾，甚至可以提取香精當作是香水原料。

材料

500c.c.水、天使薔薇花10朵

作法

1. 準備一個可裝500c.c水的茶壺。
2. 將剪下的天使薔薇花先經漂洗後，再放入壺內。
3. 將約90℃的熱水倒入壺內至9分滿，加蓋靜置10分鐘，泡至茶湯出現淡粉紅色，即可飲用。

New idea
你也可以這樣做

戀愛的滋味（天使薔薇＋香蜂草）

最具古典美的香草花旦「天使薔薇」與女主角「香蜂草」的組合，就像一齣和諧的雙人舞演出，「天使薔薇」淡粉紅茶湯裡的成熟風味加上「香蜂草」清新的檸檬香氣再搭配些許的楓糖，一入口就像品嚐到夏天裡期待戀愛的心情，淡淡的、香香的、甜甜的，令人忍不住從嘴角揚起微笑來。

材料

500c.c.水、10公分檸檬香蜂草2枝、天使薔薇花10朵

作法

1. 準備一個可裝500c.c水的茶壺。
2. 將剪下的香草花和枝葉漂洗後，先把檸檬香蜂草將放入壺內。
3. 將約90℃的熱水倒入壺內至9分滿，加蓋靜置一分鐘後再加入天使薔薇花，即可飲用。

QA 大栽問　Q1：請問天使薔薇與玫瑰有什麼不同？

一般人認為薔薇與玫瑰最大不同就是葉片、花朵大小不同，有人把花朵大的叫玫瑰；花朵小的稱做薔薇，其實不是這樣的。而是用年代來區分，在西元1867年之前的原生品種我們稱之為薔薇也就是古典玫瑰（old Rose），在西元1867年後利用園藝栽培的則稱之為玫瑰或園藝栽培種的薔薇（Morden Rose）。

極具市場潛力的香草

管蜂香草
Wild Bergamot

| 唇形花科 | 多年生草本 |

特　徵

· 管蜂香草,是筆者認為未來在台灣香草植物界中極具有潛力的品種。它是麝香薄荷屬,所以有人稱它為蜂香薄荷或麝香薄荷;更因為它的葉片有類似佛手柑樹的香味,所以又被稱為佛手柑薄荷。

· 它的鋸齒狀葉片是對生的,節處略帶點紅色。花期在春末夏初,花枝直挺,會在末稍開出巨大的花朵,粉紅色花朵擁有「火炬」的美名。

基本資料

別　　名	佛手柑薄荷、火炬花、蜂香薄荷、麝香薄荷
原 產 地	北美洲
生長特性	耐寒性
生長高度	50～80公分
花　　期	4～6月（台灣平地不易開花）
採　　收	全年
繁　　殖	以扦插為主
生長習性	枝葉容易叢生,須注意時常保持通風。
溫　　度	15～25℃
日　　照	春、秋、冬全日照為主,夏季須遮陰,並修剪促其通風。

推薦用途	茶飲（最佳飲用季節是5～8月）
利用部分	葉、莖
栽種難易度	困難

201

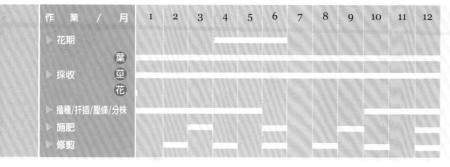

作　業　／　月	1	2	3	4	5	6	7	8	9	10	11	12
▶ 花期												
▶ 採收　葉莖花												
▶ 播種/扦插/壓條/分株												
▶ 施肥												
▶ 修剪												

繁殖小叮嚀
大約9～15天後可以發根，發根之後大約45天可換盆。

栽種與照顧

- 管蜂香草喜好通風良好，日照充足的環境。可以選擇在中秋過後進行扦插，通常，在春天的時候，成長情形非常好，記得，從春末開花到夏季花期結束後，都要經常修剪，以免遇上多雨的夏季，葉片繁複交疊，容易造成積水腐爛或雨後強曬受損，所以底下莖葉務必保持通風度良好。

- 過了夏天，入秋之後，管蜂香草會再發出新芽，冬天則是短暫休眠，到了春天會繼續生長。管蜂香草最可惜的是，開花之後大約3～5天就會凋謝，而且，因為管蜂香草目前對台灣的氣候環境還未完全適應，所以開花率還不是這麼高。

- 管蜂香草具匍匐性，外側的枝葉很容易單向漫長造成植株不均，好像人需要剪髮維護造型一樣，這個時候，透過修剪不但可以整頓植物外型，另方面也可以一併進行扦插繁殖。

栽 ➡ 種 ➡ 步 ➡ 驟

1 側修
> 修剪整理

先觀察植株，挑選過長或太低垂的枝葉進行修剪。

2 去葉
> 改善葉間通風

將靠近植株基部，因為通風不良造成枯黃的葉片，用手輕輕由上往下拔除。

3 扦插

〉 扦插再利用

將剪下的枝條進行整理，留下長度約10公分尚為良好的部分，去除下半部5公分葉片之後，再從枝條底部剪出斜口，插於3吋盆土裡深約3公分（一盆3枝），扦插之前，記得要先將土壤表面噴溼。

4 噴水

〉 完全噴溼

完成扦插之後，請將土壤完全噴溼，並將植栽放置在陰涼處（如屋簷下）。每日上下午將葉片各噴溼一次，直到發根為止。

so | easy 風味獨特的香草茶
香草變茶飲

給你不一樣的下午茶享受

在美國獨立戰爭時，因為港口被英國人封鎖，美國人沒有辦法進口紅茶，但是原屬英格蘭的美國新殖民早已經養成喝下午茶的習慣，於是就向當地的印地安人請教，得知可以用管蜂香草、檸檬香蜂草來取代紅茶的味道之後，就開始成為風氣。

材料

500c.c.水、管蜂香草3枝（約10公分）

作法

1. 準備一個可裝500c.c水的茶壺。
2. 將剪下的香草枝葉先經漂洗後，再放入壺內。
3. 將約95℃的熱水倒入壺內至9分滿，加蓋靜置10-12分鐘，泡至茶湯出現暗綠色，即可飲用。

New idea ｜ 創意茶湯變魔術

天使的祝福（管蜂香草+天使花）

被稱作香草特技演員之一的「管蜂香草」，在美國獨立戰爭時就被用來代替紅茶，瞞天過海的紅茶味，常常讓人忘了它是個香草植物。基本上，管蜂香草的口感非常令人喜愛，很適合單獨沖泡，如果想增添茶湯的變化，只要再加入香草花旦「紫色天使花」花朵，就可以品嚐到好喝又具視覺享受的香草茶。

準備些許檸檬片，在作法3沖泡出的茶湯中擠入幾滴檸檬汁，將會發現隨著檸檬酸的增加，原本淡紫色的茶湯會由淺粉紅變為深粉紅色，這時微酸的口感添加少許楓糖或蜂蜜，將會呈現另一種酸酸甜甜的新風味。

材料

500c.c.水、管蜂香草3枝（連枝帶葉）、紫色天使花10朵（可以用乾燥紫色薰衣草花代替）

作法

1. 準備一個可裝500c.c水的茶壺。
2. 將剪下的香草花和枝葉先經漂洗後，再放入壺內。
3. 將約90℃的熱水倒入壺內至9分滿，加蓋靜置10-12分鐘，待茶湯出現琥珀色後，再加入天使花，即可飲用。

QA 大栽問

Q1：如何知道手上的管蜂香草已經升級成母株，可以進行扦插呢？

當植株地上枝部分葉茂密及地下部分根系發展扎實，即可進行修剪及扦插。

Q2：管蜂香草是薄荷的一種嗎？在栽種上和薄荷一樣嗎？

管蜂香草不隸屬於薄荷屬，它因為引進台灣時間較晚，與薄荷相較，栽培的困難度也比較高。

舒緩壓力的人氣香草茶

原生百里香
Thyme

| 唇形花科 | 多年生常綠灌木 |

特　徵

- 大部分百里香的葉片都很小，是橢圓形的，略帶肉質的樣子，部分種類的葉子有短絨毛，葉片的邊緣有點向背面翻捲的現象。百里香全株都有芳香的味道。

- 百里香的枝條頂端葉腋，會開出粉紅色或白色的小花，比較老的枝條，因為成熟之後產生木質化現象，就變成淡褐色了。

- 原生百里香全株都是綠色的，而且麝香酚（注1）的含量也較高，所以在氣味上是最濃郁的。目前在台灣還常見的百里香品種還有檸檬百里香及斑葉百里香。

基本資料

別　　名｜麝香草

原 產 地｜地中海沿岸

生長特性｜耐寒（屬於耐寒性香草植物）

生長高度｜10～30公分

花　　期｜3～5月、10～11月

採　　收｜葉、莖全年皆可採收，台灣平地比較
　　　　　不容易開花。

繁　　殖｜扦插、壓條、分株皆可，適合於端午
　　　　　節過後進行。

溫　　度｜15～25℃

生長習性｜喜好冷涼乾燥的氣候，土壤微乾時，
　　　　　再一次澆透，比較不容易撐過夏天。

日　　照｜春秋冬全日照，夏季改半日照。

推薦用途｜茶飲（全年皆為最佳飲用季節）

利用部分｜花、莖、葉

栽種難易度｜困難

注1 麝香酚
原為動物性所萃取精油的主要成分，其為男性香水主要原料中的成分。

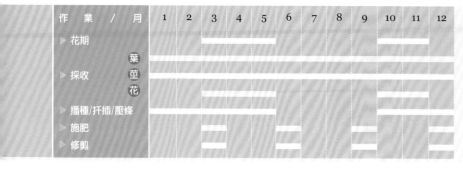

繁殖小叮嚀
大約20天後會發根，
發根後約60天可換
盆。

栽種與照顧

- 原生百里香適合生長在涼爽的環境，所以栽培的時候要考慮到氣候時節，如果是在夏天栽種的話，所栽種的植株通常就會比較虛弱，需要遮蔭或是放在較陰涼的地方，才能幫助它度過炎炎夏日，等到進入秋天，天氣轉涼之後，再移回到日照充足的地方。
- 原生百里香的葉子質地較肥厚，所以要克服的反而是高溫多溼的環境，寧可稍乾後再澆水。
- 繁殖的方法有兩種，分株法及壓條法，存活率都相當高，每年最佳栽種期在端午節過後到中秋節之間。
- 枝葉茂盛之後就要修剪了，要保持通風良好，以免因為枝葉太過茂密而悶熱枯死。

栽 ➡ 種 ➡ 步 驟

1 剪枝條
> **長約10公分**

挑選三枝成長情況良好的枝條，由頂端向下約10公分處剪斷。

2 去葉 〉末端5公分

從枝條末端向上5公分的葉片，全部用逆拔方式去除。

3 剪斜口 〉幫助發根

將枝條底部剪出斜的切口，可以增加發根的成功率。

4 噴水 〉噴溼土壤表面

用噴水器將土壤表面噴溼。

5 植入 〉排成形三角形

將三根枝條排列成三角形，插入土中，深度約3公分。

6 噴水 〉完全溼透

完成扦插之後，請將土壤完全噴溼，並將植栽放置在陰涼處（如屋簷下）。每天早晚將葉片各噴溼一次，直到發根為止。

7 發根 〉約20天後

扦插後約20天後即會發根，再經約60天可換全5吋盆。

so|easy
香草變茶飲 | 讓人振奮精神的百里香茶

疲勞嗎？來杯百里香茶吧！

新鮮百里香茶適合心情低落及疲倦時飲用，或在工作壓力大時也可以喝上一杯，有舒緩心情的效果。另外，原生百里香具有殺菌防腐的功效，在製作肉醬、香腸等醃漬食物時，可以做為天然的添加物。在料理方面，最常被用在製作香草醋或是與橄欖油混合，搭配加在義大利麵裡，算是知名的人氣香草之一。

材料

500c.c.水、原生百里香3枝（約10公分）

作法

1. 準備一個可裝500c.c水的茶壺。
2. 將剪下的香草枝葉先經漂洗後，再放入壺內。
3. 將約90℃的熱水倒入壺內蓋過香草，輕搖壺身，讓香草被熱水略作漂洗後將水倒掉。
4. 重新再加入熱水至9分滿，泡至茶湯出現淡黃色，即可飲用。

QA 大栽問

Q1：百里香扦插前，該準備哪些工具呢呢？

培養土適量、原生百里香5吋盆原株、剪刀一把、澆花壺一個及3吋盆2～3個。

Q2：為什麼扦插之後，要每天早晚噴葉子呢？

由於扦插是屬於無性生殖法，枝條剪下即代表無法再藉由根部吸收水分及養分。此時，就必須依賴葉片進行水分補充，倒送水分到莖部，讓最底部的癒合組織癒合，重新發出新的根系。

Q3：扦插成功之後，可以立刻拔葉子泡茶嗎？

最好等到植株較為茁壯時，除了本枝本葉外，另外又發展許多新生枝葉，此時就可以進行修剪，並加以運用在茶飲上。

高級香水的原料

馬郁蘭
Sweet Marjoram

脣形花科　　**多年生草本**

特　徵

- 馬郁蘭和常用於料理上的「奧勒岡」有親戚之稱。兩種都是奧勒岡屬（牛至屬），它的品種眾多，多達十餘種，最常見的是Sweet Marjoram馬郁蘭。

- 馬郁蘭最大特色在它的葉子，形狀圓潤、顏色討喜（頂端是綠色，下端為灰色），而且味道非常芳香，多被做為香水的原料。

- 它的花剛開的時候是白色的，然後再慢慢轉變成淡粉紅色。從枝條的頂端生出花梗。葉片可做為泡茶用，但是因為香氣強，容易給人太沉重的感覺。

基本資料

別　　名｜香花薄荷、野牛至

原 產 地｜歐洲及北非

生長特性｜耐寒（屬於耐寒性香草植物）

生長高度｜50～60公分

花　　期｜6～8月

採　　收｜全年皆可

繁　　殖｜播種及扦插皆可

生長習性｜秋、冬、春狀況良好，進入夏季開花期，就必須強剪及摘蕾，否則植栽會變的脆弱。

溫　　度｜15～25℃

日　　照｜春秋冬全日照、夏天半日照栽培

推 薦 用 途｜茶飲（最佳飲用季節是2～5月）

利 用 部 分｜葉、莖

栽種難易度｜困難

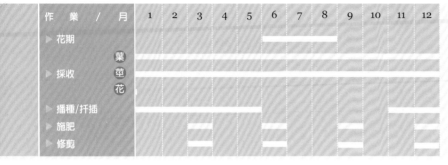

作業 / 月		1	2	3	4	5	6	7	8	9	10	11	12
▶ 花期							━━━━━━						
▶ 採收	葉	━━━━━━━━━━━━━━━━━━━━━━━━											
	莖	━━━━━━━━━━━━━━━━━━━━━━━━											
	花						━━━━━━						
▶ 播種/扦插		━━━━━━━━											
▶ 施肥				▭		▭				▭			
▶ 修剪				▭		▭		▭					

繁殖小叮嚀

大約20天後會發根，發根之後大約60天可以換盆。

栽種與照顧

- 馬郁蘭特別喜歡乾燥的氣候，最怕高溫多溼。所以，栽種的時候，要使用排水性良好的土壤（例如沙質性土壤）。
- 栽種的最佳時機是入春之前，也就是每年的2月份。春天會成長快速，但是，到了夏天，就要摘掉它的花苞以延續生命。如果無法存活過夏天，就只好等到明年1、2月再重新栽種。
- 建議使用扦插方式栽種，可以在每年1、2月買一盆生長狀況良好的馬郁蘭，在2、3月進行扦插，大約20天以上才會發根。據筆者經驗，因馬郁蘭對台灣夏天溼熱的環境尚未馴化完全，所以，夏季通常比較不容易扦插成功。

栽 ➤ 種 ➤ 步 ➤ 驟

1 剪枝條
〉長約10公分

挑選三枝成長情形良好的枝條，由頂端向下方剪下長度約10公分備用。

2 去葉
〉用逆拔方式

將枝條末端5公分的葉片用逆拔方式去除。

3 剪斜口
〉幫助發根

將枝條底部剪出斜切口，再用噴水器將扦插用土壤表面噴溼。

4 噴水
〉完全溼透

將三枝枝條插入土中排列成三角形，深度約3公分，用澆花器將土壤完全淋溼澆透。

New idea ｜你也可以這樣做

女人的最愛

（馬郁蘭+檸檬百里香）

當你跟幾個姐妹淘一起喝下午茶，該選擇什麼樣的香草茶才對味呢？推薦妳，可以試試看這個組合——馬郁蘭加檸檬百里香。

因為「馬郁蘭」一向是最具人氣的香水原料之一，獨特迷人的香氣是香草中實力派的特技演員，泡茶時，搭配深受女性喜受的女主角「檸檬百里香」，馬上就能產生一種女性色彩濃厚的獨特風味。而「檸檬百里香」清雅的檸檬香氣，更可以在你心情不好時，為你帶來煥然一新的輕鬆享受。

材料

500c.c.水、馬郁蘭3枝、檸檬百里香3枝

作法

1.準備一個可裝500c.c水的茶壺。

2.將剪下的馬郁蘭、檸檬百里香先經漂洗

後，再放入壺內。

3.將約90℃的熱水倒入壺內至9分滿，加蓋靜置10分鐘，即可飲用。

（通常一沖泡完，馬郁蘭的香氣會先出來，再緩緩地出現檸檬百里香的檸檬味，建議飲用時不要加糖，因為兩者本身都會散發出自然甘甜的口感。）

濃郁誘人的特殊香氣

減緩緊張情緒的香草茶

馬郁蘭一經過沖泡之後，就會產生高雅迷人又濃郁的香氣，很適合在飯後或下午茶的時候飲用，可以促進消化、緩和緊張及頭痛。容易暈船暈車的人，可以在出發之前，喝杯馬郁蘭茶，有預防頭暈的效果。它的葉片也可以和其他香草一起使用，可襯托出沙拉、肉類、乳酪等食材的香味，特別是用於歐式料理方面。

材料

500c.c.水、馬郁蘭3枝（約10公分）

作法

1. 準備一個可裝500c.c.水的茶壺。
2. 將剪下的香草枝葉先經漂洗後，再放入壺內。
3. 將約煮沸的熱水倒入壺內至9分滿，加蓋靜置10分鐘，泡至茶湯出現金黃色，即可飲用。

QA 大栽問

Q1：立刻摘掉花苞，這樣不是就不會開花了嗎？

強烈建議讀者，在栽種馬郁蘭的時候，如果看見花苞冒出來，就要立刻摘除，不可以捨不得。原因是，馬郁蘭雖然是多年生草本，但是一旦開花之後，生命力就會變得很脆弱，所以為了幫助它活過夏天，就要捨得摘掉花苞。然而大部分的人都會捨不得，所以在台灣，夏季開花的馬郁蘭最不容易存活過夏天。

Q2：請問馬郁蘭需要摘心嗎？要在什麼時候進行比較好呢？

在每年2、3月春初季節，馬郁蘭會成長快速，此時最適合以摘心促進分枝，讓植物成長茂盛。

Q3：馬郁蘭為牛至屬，與奧勒崗最大差別在哪裡？

馬郁蘭的葉片精油含量濃郁，葉片較小，香氣芳芳。奧勒崗（牛至）葉片比較不具香氣，但加熱後口感微辣，非常適合在料理使用。

香草栽種・開花時間一覽表

✿ 開花期　　❀ 最佳繁殖期

	一月	二月	三月	四月	五月	六月	七月	八月	九月	十月	十一月	十二月
瑞士薄荷			繁	繁	繁	繁		開	開繁	開繁	繁	
檸檬香茅	開	開	開			繁	繁	繁	繁			開
甜菊						繁	繁	開繁	開	開		
金銀花	繁	繁	繁	開繁	開繁	開繁	開	開	開繁	開繁	繁	繁
天使花	繁	繁	繁	開繁	開繁	開繁	開	開	繁	繁	繁	繁
芳香萬壽菊	開繁	開繁	開繁	繁			繁		開繁	開繁	開繁	開繁
虎頭茉莉				開繁	開繁	開繁	繁			繁	繁	繁
柳葉馬鞭草	繁	繁	繁	開	開	開			繁	繁		
馬齒牡丹				繁	繁	開繁	開繁	開繁	開繁	開繁		
斑紋到手香	繁	繁	繁			開	開	開		繁	繁	繁

一 香草變茶飲真簡單 一

	一月	二月	三月	四月	五月	六月	七月	八月	九月	十月	十一月	十二月
斑葉倒地蜈蚣	🦋	🦋	🦋	✿🦋	✿🦋	✿	✿	✿	✿🦋	✿🦋	🦋	🦋
金絲桃	🦋	🦋	🦋	✿🦋	✿🦋	✿🦋				✿🦋	✿	✿🦋
粉萼鼠尾草	🦋	🦋	🦋	✿🦋	✿	✿				✿🦋	✿🦋	✿🦋
齒葉薰衣草		🦋	🦋	✿🦋	✿	✿					🦋	🦋
德國洋甘菊	🦋	🦋		✿	✿	✿				🦋	🦋	🦋
檸檬天竺葵	🦋	🦋	🦋	✿🦋	✿	✿					🦋	🦋
檸檬香蜂草	🦋	🦋	🦋	🦋	🦋	✿	✿	✿			🦋	🦋
荊介（貓穗草）	🦋	🦋	🦋	✿	✿	✿					🦋	🦋
檸檬羅勒	🦋	🦋			🦋	✿	✿	✿			🦋	🦋
檸檬黃斑百里香	🦋	🦋	🦋	✿🦋	✿	✿				✿🦋	✿	🦋

	一月	二月	三月	四月	五月	六月	七月	八月	九月	十月	十一月	十二月
桂花	✿🦋	✿🦋	✿🦋	🦋	🦋			✿	✿	✿🦋	✿🦋	✿🦋
羽葉薰衣草	🦋	🦋	✿🦋	✿🦋	✿	✿				✿🦋	✿🦋	🦋
千屈菜			🦋	🦋	🦋	✿🦋	✿	✿	✿	✿		
藍冠菊			🦋	🦋	🦋	✿	✿	✿	✿		🦋	🦋
孔雀草	🦋	🦋	🦋	🦋		✿	✿	✿	🦋	🦋	🦋	🦋
檸檬馬鞭草	🦋	🦋	🦋	🦋	🦋	✿	✿	✿			🦋	🦋
天使薔薇	✿🦋	✿🦋	✿🦋	✿	✿	✿	✿	✿	✿	✿	✿🦋	✿🦋
管蜂香草	🦋	🦋	🦋	✿🦋	✿🦋	✿				🦋	🦋	🦋
原生百里香	🦋	🦋	🦋	✿🦋	✿🦋	✿🦋				✿🦋	✿🦋	🦋
馬郁蘭	🦋	🦋	🦋	🦋	🦋	✿	✿	✿			🦋	🦋

220

泡壺香草茶‧溫熱你的心

「香草茶體驗營」活動開始報名‧機會有限‧敬請把握

課程內容

○ 本書作者香草先生尤次雄將於活動現場，親自示範教學當季香草茶飲。

○ 現場將免費提供當季香草茶飲品嚐試飲。

○ 現場可針對書中內容及香草種植等疑問與尤老師討論互動。

活動場次

○ 日期：十二月十七日及十二月十八日兩場

○ 時間：下午2:00～4:00

○ 地點：「台北香草屋」
台北市承德路七段235號

參加方式

○ 即日起至十二月十八日止，打電話至02-29228181轉28、30、32報名。

○ 由於現場座位有限，報名時，請說本活動頁上之「通關密語」，報名才算完成。

○ 一律憑書入場，請完成報名手續的讀者，於活動當日攜帶《香草變茶飲真簡單》入場。現場購書恕無法享有任何折扣。

請於每日早上九點半到下午六點半撥電話至02-29228181#28、30、32

電話撥通後，請說出本次活動的「通關密語」：香草變茶飲真簡單

 Green Fingers 系列 **02**

香草變茶飲真簡單
30種可以自己栽種 隨手沖泡觀賞的香草植物

作者	尤次雄
攝影	廖家威

發行人	江媛珍
出版者	蘋果屋出版社
地址	台北縣235中和市中和路400巷31號1樓
電話	02-2922-8181
傳真	02-2929-5132
電子信箱	applehouse@booknews.com.tw
部落格	http://blog.yam.com/booknews

總編輯	吳翠萍
主編	何錦雲
執行編輯	金華芳
行銷組長	金華芳
美術設計	許丁文（行者創意事業有限公司）
特別感謝	蔡明娟老師茶飲示範操作
法律顧問	第一國際法律事務所 余淑杏律師

代理印務及全球總經銷　知遠文化事業有限公司

地址	台北縣222深坑鄉北深路三段155巷25號5樓
電話	02-2664-8800
傳真	02-2664-8801

出版日期	2005年11月15日
劃撥帳號	19919049
劃撥戶名	檸檬樹國際書版有限公司

＊ 單次購書金額未達300元，請另付40元郵資

 蘋果屋
APPLE HOUSE

國家圖書館出版品預行編目資料

香草變茶飲真簡單：30種可以自己栽種隨手沖泡觀賞
的香草植物
尤次雄作．——臺北縣中和市：蘋果屋，2005〔民94〕
面；公分——（Green Fingers；2）
ISBN 986-80844-7-4
1.香料作物- 栽培

434.92　　　　　　　　　　　　　94019021

蘋果屋 蘋果屋出版社
APPLE HOUSE

23556台北縣中和市中和路400巷31號1F
蘋果屋出版社　收
讀者服務專線：（02）2922-8181

香草變茶飲真簡單
30種可以自己栽種　隨手沖泡觀賞的香草植物

綠手指系列讀者專用回函

綠手指系列，把綠意帶進你的生活。
我們期望能在越來越狹小的生活空間裡，為每個人染一方綠地，用最詳盡的解說、最精美的圖片，搭配最簡單的
種植方法，讓每一位購買本書的讀者，都能成為綠手指。

系列：Green Fingers 02
書名：香草變茶飲真簡單：30種可以自己栽種　隨手沖泡觀賞的香草植物

讀者資料（本資料只供出版社內部建檔及寄送必要書訊使用）：

　1. 姓名：

　2. 性別：□男　□女

　3. 出生年月日：民國　　　年　　　月　　　日

　4. 教育程度：□大學以上　□大學　□專科　□高中（職）　□國中　□國小以下（含國小）

　5. 聯絡地址：

　6. 聯絡電話：

　7. 電子郵件信箱：

　8. 是否願意收到出版物相關資料：□願意　□不願意

購書資訊：

1. 您在哪裡購買本書？□金石堂（含金石堂網路書店）　□誠品　□何嘉仁　□博客來　□墊腳石　□其他：
　＿＿＿＿＿＿＿＿＿＿＿（請寫書店名稱）＿＿＿＿年＿＿＿＿月＿＿＿＿日購買

2. 您從哪裡得到這本書的相關訊息？
　□報紙廣告　□雜誌　□電視　□廣播　□親朋好友告知　□逛書店看到　□別人送的

3. 什麼原因讓你購買本書？□喜歡作者　□喜歡植物　□封面吸引人　□內容好，想買回去試試看　□其他：
　＿＿＿＿＿＿＿＿＿＿＿（請寫原因）

4. 看過書以後，您覺得本書的內容：
　□很好　□普通　□差強人意　□應再加強　□不夠充實　□很差　□令人失望

5. 對這本書的整體包裝設計，您覺得：□都很好　□封面吸引人，但內頁編排有待加強
　□封面不夠吸引人，內頁編排很棒　□封面和內頁編排都有待加強　□封面和內頁編排都很差

寫下您對本書及出版社的建議：

1. 您最喜歡本書的特點：□圖片精美　□實用簡單　□包裝設計　□內容充實

2. 您最想老師教你種哪一種植物？

3. 您對書中教的種植方法，有哪一種不清楚？

4. 未來，您還希望我們出版什麼方向的工具類書籍？

蘋果屋出版社會陸續推出讓你的生活更便利、讓你生活更充實的好書；綠手指系列叢書，讓你的生活充滿綠意。

讀者服務：（02）29228181轉28、30、32